uni—texte

Lehrbücher

G. M. Barrow, Physikalische Chemie I, II

H. Dallmann / K.-H. Elster, Einführung in die höhere Mathematik

M. J. S. Dewar, Einführung in die moderne Chemie

D. Geist, Physik der Halbleiter I

J. G. Holbrook, Laplace-Transformationen

S. G. Krein / V. N. Uschakowa, Vorstufe zur höheren Mathematik

H. Lau / W. Hardt, Energieverteilung

R. Ludwig, Methoden der Fehler- und Ausgleichsrechnung

E. Meyer / E.-G. Neumann, Physikalische und technische Akustik

E. Meyer / R. Pottel, Physikalische Grundlagen der Hochfrequenztechnik

L. Prandtl / K. Oswatitsch / K. Wieghardt, Führer durch die Strömungslehre

W. Rieder, Plasma und Lichtbogen

F. G. Taegen, Elektrische Maschinen I

W. Tutschke, Grundlagen der Funktionentheorie

H.-G. Unger, Elektromagnetische Wellen I, II

H.-G. Unger, Quantenelektronik

H.-G. Unger, Theorie der Leitungen

H.-G. Unger / W. Schultz, Elektronische Bauelemente und Netzwerke I, II

W. Wuest, Strömungsmeßtechnik

In Vorbereitung

Barrow, Physikalische Chemie III

Bontsch-Brujewitsch / Swaigin / Karpenko / Mironow, Aufgabensammlung
zur Halbleiterphysik

Czech, Übungsaufgaben aus der Experimentalphysik

Efimow, Höhere Geometrie I, II

French, Spezielle Relativitätstheorie

Geist, Physik der Halbleiter II

Hàla / Boublik, Einführung in die statistische Thermodynamik

Meyer / Guicking, Schwingungslehre

Meyer / Zimmermann, Elektronische Meßtechnik

Sachsse, Einführung in die Kybernetik

Seidler, Optimierung informationsübertragender Systeme I, II

Taegen, Elektrische Maschinen II

Skripten

Jordan / Weis, Asynchronmaschinen

Schultz, Einführung in die Quantenmechanik

Schultz, Dielektrische und magnetische Eigenschaften der Werkstoffe

W. Schultz

Dielektrische und magnetische Eigenschaften der Werkstoffe

Skriptum für
Elektrotechniker ab 5. Semester

Mit 114 Bildern

Friedr. Vieweg + Sohn · Braunschweig

1970

ISBN 978-3-322-98263-6   ISBN 978-3-322-98964-2 (eBook)
DOI 10.1007/978-3-322-98964-2

Best.-Nr. 3303

<u>Inhalt</u>

1. Einleitung

Dielektrische Eigenschaften der Werkstoffe spielen in den
verschiedensten Gebieten der Elektrotechnik eine maßgebliche
Rolle. Als Beispiele seien Isolierstoffe, Imprägnierungen,
Gießharze, Gläser, Keramik, Kunststoffe, Füllmaterial für
Kondensatoren, Transformatorenöl genannt. Piezoelektrische
Kristalle werden als Ultraschallschwinger oder als Frequenz-
normal benutzt. Man kann daran denken, ferroelektrische Werkstoffe als dielektrische Verstärker oder als Speicherelemente
zu verwenden. Zur Temperaturkompensation in elektronischen
Kreisen kann man die Temperaturabhängigkeit der Dielektrizi-
tätskonstanten einiger Werkstoffe ausnutzen.

Auf die Bedeutung der ferromagnetischen Werkstoffe für die
allgemeine Elektrotechnik braucht an dieser Stelle nicht besonders hingewiesen zu werden. Speziell die Ferrite haben sich
in Hochfrequenztechnik und Datenverarbeitung bewährt.

Diese Fülle von Anwendungsmöglichkeiten macht es für den
Elektrotechniker erforderlich, sich eingehender mit den physikalischen Mechanismen zu befassen, die das technische Verhalten dieser Werkstoffe bestimmen. Die Analogie zwischen dielektrischen und magnetischen Eigenschaften legt es nahe, beide
Stoffgruppen gemeinsam zu behandeln. Dabei werden die dielektrischen Werkstoffe vorangestellt, weil sich dieses Verhalten
in weit stärkerem Maße mit klassischen Modellvorstellungen beschreiben läßt als dies bei den magnetischen Werkstoffen der
Fall ist. Soweit bei der letzten Stoffgruppe quantentheoreti-
sche Überlegungen benötigt werden, seien die Resultate ohne
weiteren Kommentar lediglich angegeben.

Zur gewählten Darstellungsweise sei bemerkt, daß eine quantitative Diskussion möglichst einfacher Modellvorstellungen einer
allgemeingültigen, aber weniger anschaulichen formalen Behandlung vorgezogen wird. Die Übungsaufgaben dienen nicht nur zur
Vertiefung, Anwendung und Fortführung des im Text behandelten
Stoffes, sondern mitunter auch zu seiner Vorbereitung, so daß
gründliche Durcharbeitung und selbständige Diskussion zum Ver-
ständnis unerläßlich sind.

Zur Vereinfachung der Schreibweise werden Vektoren und komplexe Wechselstromgrößen durch Unterstreichung gekennzeichnet.

2. Übersicht

Man ist es gewohnt, das elektrische und magnetische Verhalten von Stoffen makroskopisch durch die Maxwellschen Gleichungen

$$\text{rot } \underline{H} = \frac{\partial \underline{D}}{\partial t} + \underline{J} \quad ; \quad \text{rot } \underline{E} = - \frac{\partial \underline{B}}{\partial t} \quad ; \qquad \left. \begin{array}{l} \\ \\ \end{array} \right\} \quad (2.1)$$

$$\text{div } \underline{D} = \varrho \qquad ; \quad \text{div } \underline{B} = 0$$

zu beschreiben. Diese Gleichungen sind durch „Materialgleichungen" zu ergänzen, die Zusammenhänge zwischen Stromdichte $\underline{J}$, dielektrischer Verschiebungsdichte $\underline{D}$, magnetischer Induktion $\underline{B}$ und den beiden Feldstärken $\underline{E}$ und $\underline{H}$ angeben. Unter den einfachsten Bedingungen, die keineswegs immer vorliegen, wie sich in den folgenden Kapiteln zeigen wird, nimmt man lineare Zusammenhänge an,

$$\underline{J} = \sigma \underline{E} \; ; \; \underline{D} = \varepsilon \underline{E} = \varepsilon_0 \varepsilon_r \underline{E} \; ; \; \underline{B} = \mu \underline{H} = \mu_0 \mu_r \underline{H} \; . \qquad (2.2)$$

Leitfähigkeit σ, Dielektrizitätskonstante ε und Permeabilität μ werden als konstante, evtl. komplexe Skalare angesehen.

Der erste Teil der Vorlesung befaßt sich näher mit der zweiten Gleichung (2.2). Zunächst wird das Zustandekommen der makroskopischen Größe ε im atomaren Bild behandelt; anschließend werden solche Fälle diskutiert, in denen ε unabhängig von $\underline{D}$ und $\underline{E}$ ist (Verzerrungs- und Orientierungspolarisation). Sodann sind diejenigen Stoffgruppen zu besprechen, bei denen ε feldstärkeabhängig wird; dabei ist die dielektrische Verschiebungsdichte $\underline{D}$ nicht mehr eine eindeutige Funktion der Feldstärke, ihr Wert hängt vielmehr von der Vorgeschichte ab (Ferroelektrizität).

Der zweite Teil der Vorlesung befaßt sich analog mit der letzten Gleichung (2.2), also mit magnetischen Werkstoffen. Die formale Analogie zwischen dielektrischen und magnetischen Eigenschaften gestattet eine entsprechende Stoffeinteilung: ist μ unabhängig von $\underline{H}$ und $\underline{B}$, liegen paramagnetische und diamagnetische Werkstoffe vor; bei den Ferromagnetika ist $\underline{B}$ keine eindeutige Funktion von $\underline{H}$.

3. Dielektrische Eigenschaften

Zur Kennzeichnung der dielektrischen Eigenschaften kann man
zwei zunächst unabhängige Wege einschlagen, einmal eine makroskopische Betrachtungsweise, welche rein phänomenologisch in
die Maxwellschen Gleichungen eine komplexe Dielektrizitätskonstante einführt und das sich hieraus ergebende technische Verhalten beschreibt. Zum andern kann man in der mikroskopischen
Betrachtungsweise das Verhalten der einzelnen Atome und Moleküle im elektrischen Feld untersuchen. Zur Entwicklung von
Werkstoffen mit bestimmten technischen Eigenschaften ist es
erforderlich, den Zusammenhang zwischen technischen Größen und
atomaren Daten zu kennen. Diesen Zusammenhang findet man durch
eine Kombination der makroskopischen und der atomaren Betrachtungsweise. Dieses Programm soll in den folgenden Abschnitten
durchgeführt werden.

3.1. Definitionen im makroskopischen Bild

Zur Einführung der makroskopischen Definitionen kann man von
einem Kondensator im Wechselstromkreis ausgehen (Bild 3.1, zunächst
jedoch ohne Materie im Kondensator).
Den Zusammenhang zwischen Strom I und
Spannung U erhält man, wenn man einmal die Definition der Kapazität C,

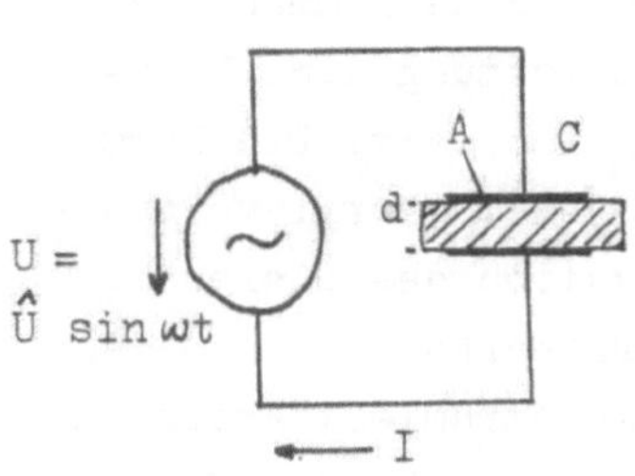

Bild 3.1. Kondensator
im Wechselstromkreis

$$Q = CU, \qquad (3.1)$$

und zum andern den Zusammenhang zwischen Strom und Ladung Q,

$$I = \frac{dQ}{dt} \ ,$$

hinschreibt. Mit der hieraus folgenden Beziehung

$$I = C \frac{dU}{dt} \qquad (3.2)$$

erhält man die Gleichung

$$I = \hat{I} \cos \omega t \quad \text{mit} \quad \hat{I} = \omega C \hat{U};$$

Strom und Spannung sind um 90° phasenverschoben. Die über eine
Periode $t_o = 2\pi/\omega$ gemittelte Leistung $\wp$ ist daher gleich null,

$$\overline{P} = \frac{1}{t_o} \int_0^{t_o} dt\ \hat{U}\ \sin \omega t \cdot \hat{I}\ \cos \omega t = 0\ .$$

Bringt man nun Materie in den Kondensator, mißt man nicht mehr die Vakuumkapazität C_{vak}, sondern einen höheren Wert:

$$C = \varepsilon_r\ C_{vak}\ , \tag{3.3}$$

wobei ε_r als Dielektrizitätszahl bezeichnet wird.

Daneben kann aber noch ein anderer Effekt auftreten: Es kann ein ohmscher Stromanteil I_r fließen, also ein Strom, der in Phase mit der anliegenden Spannung ist,

$$I_r(t) = \frac{1}{R}\ U(t)\ .$$

Die über eine Periode gemittelte Leistung verschwindet für diesen Stromanteil nicht mehr,

$$\overline{P} = \frac{1}{t_o} \int_0^{t_o} dt\ \hat{U}\ \sin \omega t \cdot \hat{I}_r\ \sin \omega t \neq 0\ .$$

Ein solcher Term kann einmal dadurch zustande kommen, daß das Dielektrikum bereits bei Gleichstrombelastung eine Leitfähigkeit besitzt, also nicht vollständig isoliert. Ein Term dieser Art muß aber zwangsweise auch bei jedem energieverbrauchenden Mechanismus während der Umpolarisation des Dielektrikums auftreten, einfach aufgrund der Energieerhaltung; er kann also auch dann auftreten, wenn keine Gleichstromleitfähigkeit vorhanden ist. Beispiele solcher energieverbrauchender Mechanismen werden später diskutiert.

Phänomenologisch kann man Vorgänge dieser Art dadurch berücksichtigen, daß man eine komplexe Dielektrizitätszahl

$$\varepsilon_r = \varepsilon' - j\ \varepsilon'' \tag{3.4}$$

einführt und alle zeitlich variablen Größen G durch komplexe Ausdrücke $\underline{G}$ kennzeichnet,

$$G(t) = \mathrm{Re}\left(\hat{\underline{G}}\ \exp(j \omega t)\right) = \mathrm{Re}\left(\underline{G}(t)\right). \tag{3.5}$$

Aus (3.2) bis (3.5) folgt

$$\underline{I} = \left(j \omega \varepsilon'\ C_{vak} + \omega\ \varepsilon''\ C_{vak}\right) \underline{U} = \left(j\ I_c + I_r\right) \exp(j \omega t). \tag{3.6}$$

Setzt man hier für C_{vak} die Formel des Plattenkondensators

$$C_{vak} = \frac{\varepsilon_0 \, A}{d} \qquad (3.7)$$

ein (Bild 3.1) und vergleicht den ohmschen Anteil in (3.6) mit dem entsprechenden Strom bei Vorhandensein einer Gleichstromleitfähigkeit,

$$\underline{I} = \frac{\sigma A}{d} \, \underline{U} \; ,$$

so sieht man, daß der relative Verlustfaktor ε'' einer Leitfähigkeit der Größe

$$\sigma = \omega \, \varepsilon_0 \, \varepsilon'' \qquad (3.8)$$

entspricht.

Mit der Einführung der komplexen Dielektrizitätszahl kann man in der phänomenologischen Darstellung das Verhalten der Dielektrika beschreiben. Man kann diese Größe - wie jede komplexe Zahl - durch Betrag und Phase kennzeichnen. Trägt man die Strom - Spannungsbeziehung (3.6) in der komplexen Ebene auf (Bild 3.2), so sieht man, daß die Güte eines Kondensators mit Dielektrikum durch den Verlustwinkel δ gekennzeichnet wird,

$$\left.\begin{array}{c} \tan\delta = \dfrac{I_r}{I_c} = \dfrac{\varepsilon''}{\varepsilon'} \quad \text{oder} \\[2ex] \varepsilon_r = |\varepsilon_r| \, \exp(-j\,\delta) \, . \end{array}\right\} (3.9)$$

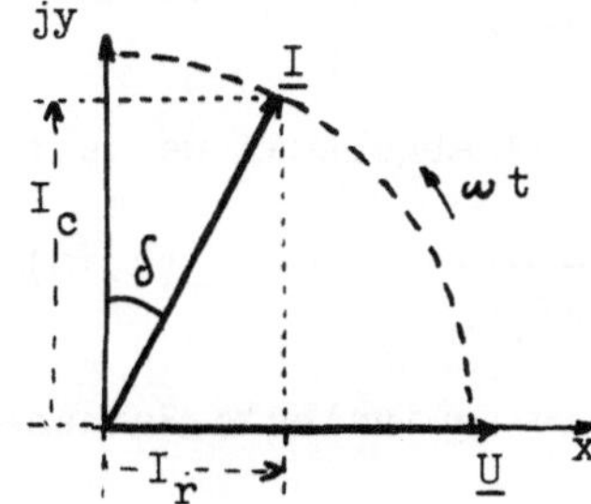

Bild 3.2. Zur Definition des Verlustwinkels

Man erhält die letzte Gleichung aus der vorhergehenden, wenn man

$$|\varepsilon_r| = \sqrt{\varepsilon'^2 + \varepsilon''^2} \; ; \quad \cos\delta = \frac{1}{\sqrt{1 + \tan^2\delta}} = \frac{\varepsilon'}{|\varepsilon_r|} \; ;$$

$$\sin\delta = \frac{\tan\delta}{\sqrt{1 + \tan^2\delta}} = \frac{\varepsilon''}{|\varepsilon_r|}$$

setzt und ε' und ε'' in (3.4) einsetzt.

Andererseits kann man in der phänomenologischen Beschreibung in derselben Weise auch eine komplexe Leitfähigkeit σ

zur Kennzeichnung des dielektrischen Verhaltens einführen,

$$\sigma = \omega \varepsilon_0 (\varepsilon'' + j \varepsilon') \ .$$

Beide Betrachtungsweisen sind gleichwertig.

Um das Verhalten von Bauelementen in elektronischen Netzwerken zu beschreiben, wendet man häufig Ersatzschaltbilder an. Diese werden gewonnen, indem ein physikalisch gefundener, durch eine Gleichung beschriebener Zusammenhang in eine elektrische Schaltung „übersetzt" wird. Im vorliegenden Fall beschreibt (3.6) den darzustellenden Zusammenhang; diese Beziehung läßt sich durch die Parallelschaltung von einer Kapazität mit einem Widerstand darstellen (Bild 3.3a). Die Größen dieser

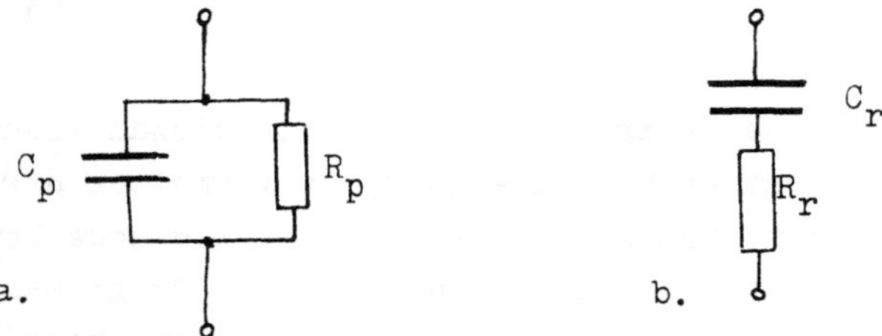

Bild 3.3. Ersatzschaltbilder eines Kondensators mit Dielektrikum. a. Parallelschaltung, b. Reihenschaltung

Ersatzschaltung können unmittelbar aus (3.6) abgelesen werden:

$$C_p = \varepsilon' C_{vak} \ ; \ R_p = \frac{1}{\omega \varepsilon'' C_{vak}} \ ; \ \tan \delta = \frac{1}{\omega R_p C_p} \ . \qquad (3.10)$$

Die Umrechnung der Parallelschaltung in die äquivalente Reihenschaltung (Bild 3.3b) führt auf[*])

$$C_r = \frac{|\varepsilon_r|^2}{\varepsilon'} C_{vak} \ ; \ R_r = \frac{\varepsilon''}{\omega C_{vak} |\varepsilon_r|^2} \ ; \ \tan \delta = \omega R_r C_r \ . \qquad (3.11)$$

Man erkennt bereits an diesem Beispiel, daß die Elemente solcher Ersatzschaltbilder frequenzabhängig sein können und zwar nicht nur, weil ω explizite in den Formeln auftritt, sondern weil auch ε' und ε'' selbst frequenzabhängig sind. Der Grund für diese Frequenzabhängigkeit wird später eingehend

---

[*]) Dem Leser wird empfohlen, die Umrechnung selbständig durchzuführen.

diskutiert.

Damit ist das dielektrische Verhalten in der Sprache des
Elektrotechnikers formal beschrieben. Nun spielen aber dielektrische Eigenschaften in einem sehr weiten Frequenzbereich
eine wesentliche Rolle, in einem Frequenzbereich, der sich vom
statischen Verhalten über den Bereich der klassischen Nachrich-
tentechnik und über den optischen Spektralbereich bis in das
Gebiet der Röntgenstrahlen erstreckt. Im optischen Spektralbereich sind - lange bevor dieses Gebiet durch die Entwicklung
der Maser und Laser in die Elektrotechnik einbezogen wurde -
andere Größen zur Kennzeichnung des Materials eingeführt worden,
nämlich Brechungsindex n und Absorptionskonstante $\tilde{K}$. Es ist daher erforderlich, Umrechnungsformeln zwischen n und $\tilde{K}$ einer-
seits und ε' und ε'' andererseits zu kennen.

In der Optik definiert man den Brechungsindex n als das
Verhältnis der Wellenlänge im Vakuum zur Wellenlänge in dem
betreffenden Medium,

$$ n = \frac{\lambda_{vak}}{\lambda} \quad . \tag{3.12} $$

Dringt Strahlung in ein absorbierendes Medium ein, so nimmt die
Strahlungsintensität $\emptyset$ exponentiell mit der Eindringtiefe x ab,

$$ \emptyset = \emptyset_o \, \exp(-\tilde{K}x) \quad . \tag{3.13} $$

Die Größe $\tilde{K}$ wird als Absorptionskonstante oder Absorptionsko-
effizient bezeichnet; ihr Reziprokwert ist diejenige Strecke,
auf welcher die Strahlungsintensität auf den e - ten Teil abge-
klungen ist. Häufig führt man anstelle von $\tilde{K}$ den Absorptions-
index $\varkappa$ ein durch

$$ \tilde{K} = \frac{4\pi}{\lambda} \, \varkappa \quad . \tag{3.14} $$

Es wird sich zeigen, daß zwischen $\varkappa$ und dem Verlustwinkel δ
eine besonders einfache Beziehung besteht.

Um den Zusammenhang zwischen optischen und elektrotechnisch
interessierenden Größen zu finden, geht man zweckmäßigerweise
von der Beschreibung der Ausbreitung einer ebenen elektromag-
netischen Welle aus: Die räumlich - zeitliche Variation des

elektrischen und magnetischen Feldes wird (nach Einführung der Phasoren) durch

$$\underline{E} \sim \underline{H} \sim \exp(j[\omega t - \tilde{k}\,x])$$

beschrieben, wobei der komplexe Ausbreitungsvektor $\tilde{k}$ mit (3.9) durch

$$\tilde{k} = \omega\sqrt{\varepsilon\mu} = \omega\sqrt{|\varepsilon|\mu}\left(\cos\frac{\delta}{2} - j\sin\frac{\delta}{2}\right) = \frac{2\pi}{\lambda} - j\gamma \qquad (3.15)$$

gegeben ist. Da hier nur die dielektrischen Eigenschaften interessieren, wurde vorausgesetzt, daß μ reell ist. Setzt man Real- und Imaginärteil von $\tilde{k}$ in die Exponentialfunktion ein, erkennt man, daß λ die Wellenlänge ist und γ die Bedeutung eines Dämpfungsfaktors hat. Berücksichtigt man, daß

$$\lambda_{vak}\, f = c_o = \frac{1}{\sqrt{\varepsilon_o\mu_o}} \quad ; \quad \omega = 2\pi f \qquad (3.16)$$

ist, so folgt aus (3.12) und (3.15) die gesuchte Beziehung

$$n = \sqrt{\mu_r|\varepsilon_r|}\,\cos\frac{\delta}{2} \quad . \qquad (3.17)$$

Speziell für den häufig vorliegenden Fall kleiner Verlustwinkel und $\mu_r \approx 1$ geht (3.17) in die bekannte Formel

$$n = \sqrt{\varepsilon'} \qquad (3.18)$$

über.

Da die Strahlungsintensität $\emptyset$ proportional dem Produkt der beiden Feldstärken ist, wird

$$\tilde{K} = 2\gamma = 2\omega\sqrt{|\varepsilon|\mu}\,\sin\frac{\delta}{2}$$

und nach (3.14) und (3.15)

$$\varkappa = \tan\frac{\delta}{2} \quad . \qquad (3.19)$$

Mit (3.16), (3.17) und (3.19) kann man den Ausbreitungsvektor (3.15) in der Form

$$\tilde{k} = \frac{2\pi}{\lambda_{vak}}\,\underline{n} \quad \text{mit} \quad \underline{n} = n\,(1 - j\varkappa) \qquad (3.20)$$

schreiben; dabei wurde die Absorption formal durch Einführung
des komplexen Brechungsindex $\underline{n}$ berücksichtigt.

3.2. Dielektrika im atomaren Bild

Nach dieser phänomenologischen Beschreibung sind nun die
atomaren Vorgänge, die zu der makroskopisch beobachteten Dielektrizitätskonstanten führen, zu beschreiben. Dazu geht man
zweckmäßigerweise wieder vom Plattenkondensator (Bild 3.1) aus.
Ohne Dielektrikum findet man die Vakuumkapazität (3.7). Nach
der Definition der Kapazität (3.1) befindet sich bei der Spannung U die Ladung

$$|Q_{vak}| = \varepsilon_o \frac{A}{d} U$$

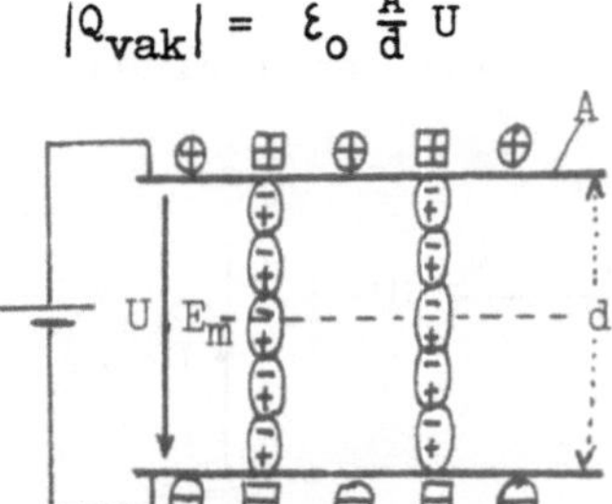

freie Ladungen
gebundene Ladungen
Dipole
Kontrollfläche

Bild 3.4. Polarisation
im atomaren Bild,
schematisch

auf jeder Platte („freie" Ladung,
Bild 3.4).

Schiebt man nun ein verlustfreies
Dielektrikum zwischen die Kondensatorplatten, so daß der Zwischenraum
vollständig ausgefüllt wird, beobach-
tet man eine um den Faktor ε_r höhere
Kapazität (3.3). Das bedeutet nach
(3.1), daß sich die Ladung auf jeder
Platte um diesen Faktor vergrößert
hat. Die zusätzlichen Ladungen werden als „gebundene" Ladungen bezeichnet (Bild 3.4).

Im atomaren Bild läßt sich dieser
Vorgang folgendermaßen beschreiben:

Im Dielektrikum werden unter dem Einfluß des elektrischen
Feldes im Kondensator die einzelnen Moleküle polarisiert, d.h.
die Schwerpunkte von positiver und negativer Ladung fallen nicht
mehr zusammen (Dipole in Bild 3.4). Dadurch werden die gebundenen Ladungen - makroskopisch gesprochen - influenziert, sie
müssen beim Hineinschieben des Dielektrikums von der Quelle
nachgeliefert werden. Die makroskopische Feldstärke[*])

$$E_m = U / d \tag{3.21}$$

---

[*]) Das ist diejenige Feldstärke, die sich aus den Maxwellschen
Gleichungen ergibt.

ändert sich bei diesem Vorgang nicht, ist also im Vakuumkondensator und im Kondensator mit Dielektrikum gleich groß.

Als nächstes ist der Begriff der elektrischen Polarisation quantitativ zu formulieren. Es sind zwei gleichwertige Definitionen möglich.

1. Denkt man sich eine Kontrollfläche senkrecht zum elektrischen Feld durch das Dielektrikum gelegt (Bild 3.4), so gibt die bei Einschalten des Feldes durch die Flächeneinheit hindurchtretende Ladung eines Vorzeichens die Polarisation P an:

Die Polarisation ist gleich der gebundenen Ladung ΔQ pro Flächeneinheit.

Mit (3.1), (3.3), (3.7) und (3.21) erhält man damit einen Zusammenhang zwischen P, E_m und ε_r:

$$\left.\begin{aligned} P &= \frac{\Delta Q}{A} = \frac{Q - Q_{vak}}{A} = \frac{C - C_{vak}}{A}\, U = \frac{(\varepsilon_r - 1)\varepsilon_o}{d}\, U \\[2mm] P &= (\varepsilon_r - 1)\varepsilon_o\, E_m \quad [A\,s/cm^2]\,. \end{aligned}\right\} \quad (3.22)$$

Die Polarisation ist proportional der makroskopischen Feldstärke E_m, der Faktor

$$\chi = \varepsilon_r - 1 \qquad\qquad (3.23)$$

wird als elektrische Suszeptibilität bezeichnet. Die dielektrische Verschiebungsdichte D hängt nach (2.2) und (3.22) mit der Polarisation zusammen durch

$$D = \varepsilon\, E_m = \varepsilon_o \varepsilon_r E_m = \varepsilon_o E_m \left(1 + \frac{P}{\varepsilon_o E_m}\right) = \varepsilon_o E_m + P\,. \qquad (3.24)$$

2. Die Polarisation ist das Dipolmoment der Volumeneinheit.

Das elektrische Moment $\underline{p}$ eines Dipols ist allgemein definiert als das Produkt von Ladung (eines Vorzeichens) und Abstand der Ladungsschwerpunkte (Bild 3.5). Dabei wird die Richtung von der negativen zur positiven Ladung positiv gezählt,

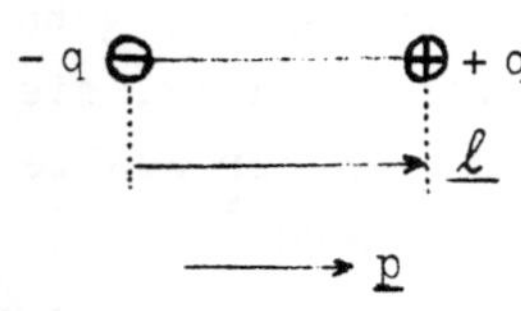

Bild 3.5. Dipolmoment

$$\underline{p} = q\,\underline{\ell} \quad [A\,s\,cm]\,. \qquad (3.25)$$

Um nachzuweisen, daß beide Definitionen gleichwertig sind, soll die zweite Definition aus der ersten abgeleitet werden. Erweitert man die erste Gleichung (3.22) mit dem Plattenabstand d, erhält man im Zähler nach (3.25) das Dipolmoment p des Dielektrikums und im Nenner sein Volumen V,

$$P = \frac{p}{V} \, . \qquad\qquad (3.26)$$

Diese letzte Darstellung hat den Vorteil, daß sie in einfacher Weise einen Zusammenhang zwischen makroskopischen und mikroskopischen Daten liefert. Man kann sich das Dipolmoment p der gesamten Probe zusammengesetzt denken aus den Dipolmomenten p_i der einzelnen Moleküle. Enthält die Probe N' Moleküle, so gilt

$$P = \frac{1}{V} \sum_{i=1}^{N'} p_i = N\,\overline{p} \, . \qquad\qquad (3.27)$$

Dabei ist $N = N'/V$ die Zahl der Moleküle pro Volumeneinheit und

$$\overline{p} = \frac{1}{N'} \sum_{i=1}^{N'} p_i$$

das mittlere Dipolmoment der Einzelmoleküle.

Man kann $\overline{p}$ im einfachsten Fall als proportional der an dem betreffenden Ort herrschenden Feldstärke annehmen. Zum Unterschied von der durch (3.21) definierten makroskopischen Feldstärke E_m wird diese am Ort des herausgegriffenen Moleküls t a t s ä c h l i c h herrschende Feldstärke als „lokale Feldstärke" E_{loc} bezeichnet. Es wird also angesetzt

$$\overline{p} = \alpha\, E_{loc} \, . \qquad\qquad (3.28)$$

Die als Polarisierbarkeit bezeichnete Proportionalitätskonstante α läßt sich im Prinzip aus atomaren Daten berechnen.

Man kann die Bedeutung der lokalen Feldstärke E_{loc} ebenfalls am Dielektrikum im Plattenkondensator erläutern (Bild 3.6). In Teilbild a ist der Fall skizziert, daß nur ein einzelnes Molekül im Kondensator vorhanden ist; die am Ort des Moleküls tatsächlich herrschende Feldstärke E_{loc} ist hier

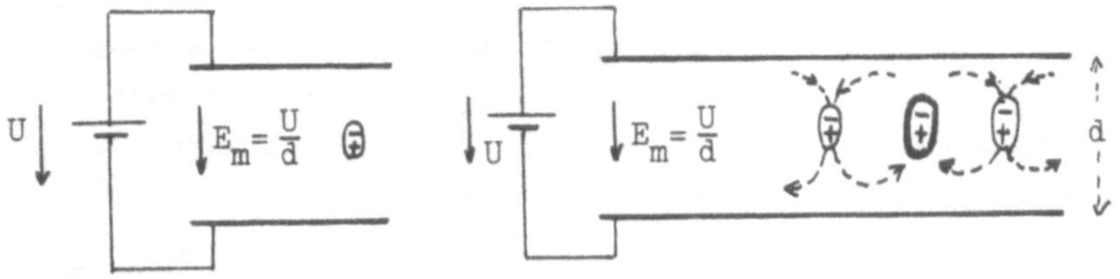

a. $E_{loc} = U/d$ b. $E_{loc} = U/d$ + atomare Felder aller übrigen Dipole

Bild 3.6. Makroskopische und lokale Feldstärke.
a. Einzelner Dipol im Plattenkondensator
b. Dipolansammlung (Dielektrikum) im Plattenkondensator

gleich der makroskopischen Feldstärke E_m.

Im Teilbild b befinden sich mehrere Dipole im Kondensator. Das an der Stelle eines herausgegriffenen Dipols tatsächlich herrschende Feld E_{loc} setzt sich nun aus dem makroskopischen Feld E_m und den Feldern aller anderen Dipole zusammen, so daß E_{loc} und E_m nicht mehr gleich sind.

Aus den vorangegangenen Überlegungen ist ersichtlich, daß zur Ermittlung eines Zusammenhanges zwischen Dielektrizitätskonstanten und atomaren Daten zwei getrennte Aufgaben zu lösen sind: einmal muß man die durch (3.28) definierte Polarisierbarkeit α aus atomaren Größen bestimmen. Zum andern ist ein Zusammenhang zwischen dem lokalen Feld E_{loc} und dem durch (3.21) definierten makroskopischen Feld zu ermitteln. Sind beide Aufgaben gelöst, läßt sich aus den gefundenen Formeln die Dielektrizitätskonstante als Funktion der atomaren Daten angeben.

3.3. Polarisationsmechanismen

Bevor man die Polarisierbarkeit α aus atomaren Daten bestimmen kann, muß man wissen, durch welche physikalischen Mechanismen eine Polarisation zustande kommen kann. Mit der Zusammenstellung der verschiedenen Möglichkeiten erhält man gleichzeitig eine Klassifizierung der dielektrischen Werkstoffe.

In Bild 3.7 sind die vier wichtigsten Polarisationsmechanismen schematisch dargestellt.

a. Durch Anlegen eines elektrischen Feldes wird die Elektronenwolke der einzelnen Atome verformt. Im zeitlichen Mittel fallen die Schwerpunkte von positiver und negativer Ladung

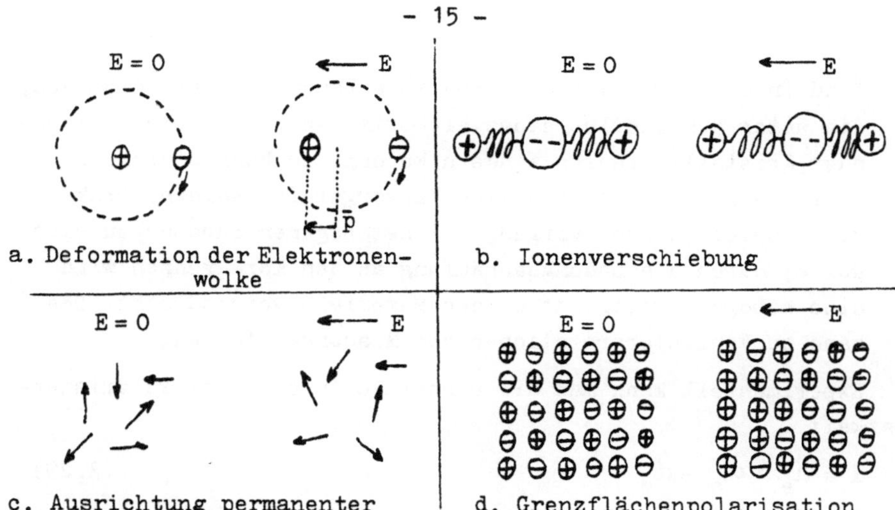

a. Deformation der Elektronenwolke

b. Ionenverschiebung

c. Ausrichtung permanenter Dipole

d. Grenzflächenpolarisation

Bild 3.7. Polarisationsmechanismen

nicht mehr zusammen. Das führt zur elektronischen Polarisierbarkeit α_e. Liegt nur dieser Polarisationsmechanismus vor, spricht man von n i c h t p o l a r e n Substanzen (z.B. Diamant).

b. Unter dem Einfluß eines elektrischen Feldes kann außerdem ein Dipolmoment durch elastische Verschiebung der Ionen hervorgerufen werden. Dies führt zur atomaren Polarisierbarkeit α_a. Diese Substanzen werden als p o l a r bezeichnet (Beispiel: NaCl). Außer α_a ist natürlich auch noch eine elektronische Polarisierbarkeit α_e vorhanden.

c. Haben die einzelnen Moleküle bereits ohne Anlegen eines Feldes ein Dipolmoment (permanente Dipole), so sind die Richtungen dieser elementaren Dipole zunächst statistisch verteilt. Bei Anlegen eines Feldes werden sie mehr oder weniger vollständig ausgerichtet, sie „orientieren" sich in Richtung des Feldes. Das führt zur Orientierungspolarisierbarkeit α_d (Beispiel: H_2O). Diese Substanzen werden als d i p o l a r bezeichnet. Daneben treten ebenfalls die unter a. und b. genannten Polarisationsmechanismen auf[*]).

---

[*]) Die Möglichkeit, durch Messung der Dielektrizitätskonstanten das Vorhandensein permanenter Dipole nachweisen zu können, läßt wichtige Schlüsse über den Molekülbau zu („Stereo Chemie"). Z.B. hat CO_2 kein permanentes elektrisches Moment, die drei Atome müssen also auf einer Geraden O - C - O angeordnet sein. Andererseits hat H_2O ein permanentes Moment, es muß eine Anordnung der Form $H^{\diagup}O^{\diagdown}H$ vorliegen.

d. Sind in einem Festkörper bewegliche Ladungsträger vorhanden,
die unter dem Einfluß eines elektrischen Feldes bis zu Korn-
oder Kristallitgrenzen wandern können, so kann hierdurch
eine Grenzflächenpolarisation hervorgerufen werden. Praktisch spielt dieser Vorgang bei heterogenen Substanzen eine
Rolle; durch die Ladungsanhäufung an den Korngrenzen wird
eine homogene Polarisation des Materials vorgetäuscht. Das
kann zu Fehlinterpretationen von Messungen führen.

Experimentell kann man die einzelnen Anteile der Polarisierbarkeit

$$\alpha = \alpha_e + \alpha_a + \alpha_d \qquad (3.29)$$

dadurch trennen, daß man die Dielektrizitätskonstante als Funktion der Frequenz mißt: bei niedrigen Frequenzen bzw. im statischen Fall werden alle Mechanismen dem Feld trägheitslos folgen, mit zunehmender Frequenz wird der trägste Mechanismus, das
ist die Ausrichtung permanenter Dipole, nicht mehr folgen können; es wird sich eine Abstufung der Polarisierbarkeit ergeben.
Bei weiterer Frequenzerhöhung wird die Ionenbewegung den Feldänderungen nicht mehr zu folgen vermögen, so daß als nächstes
die atomare Polarisierbarkeit ausfällt. In dem folgenden Frequenzbereich können nur noch die Elektronenwolken der einzelnen
Atome deformiert werden. Bei den höchsten Frequenzen schließlich können selbst die Elektronen nicht mehr den schnellen
Feldänderungen folgen.

Bild 3.8 gibt einen schematischen Überblick über diese Verhältnisse, weitere Einzelheiten werden in den folgenden Abschnitten besprochen.

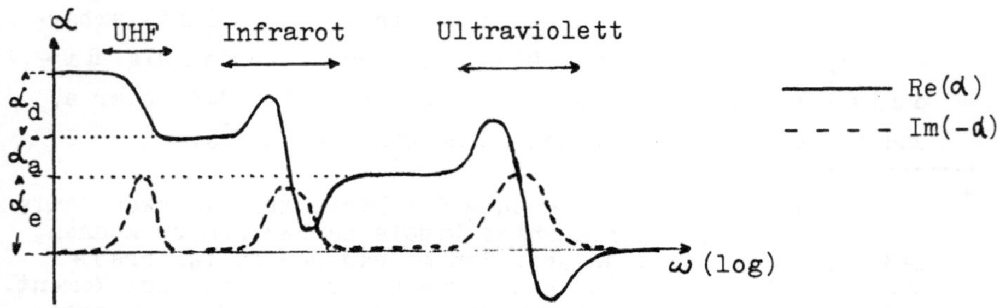

Bild 3.8. Frequenzabhängigkeit der Polarisierbarkeit, schematisch

3.4. Verzerrungspolarisation

Wie am Ende des Abschnittes 3.2 festgestellt wurde, muß man einmal das am Ort eines herausgegriffenen Atoms herrschende lokale Feld E_{loc} berechnen und zum andern aus atomaren Daten die Polarisierbarkeit ermitteln. Diese Forderung bestimmt die Gliederung des vorliegenden Kapitels.

3.4.1. Lokales Feld

Wie bereits oben erwähnt, herrscht an der Stelle eines Moleküls in einem Dielektrikum nicht nur das aus den Maxwellschen Gleichungen berechenbare makroskopische Feld E_m, sondern es kommen noch die Felder aller atomaren Dipole hinzu. Die prinzipielle Methode zur Berechnung von E_{loc} läßt sich an einem eindimensionalen Modell erläutern, bei welchem alle Rechnungen elementar durchgeführt werden können.

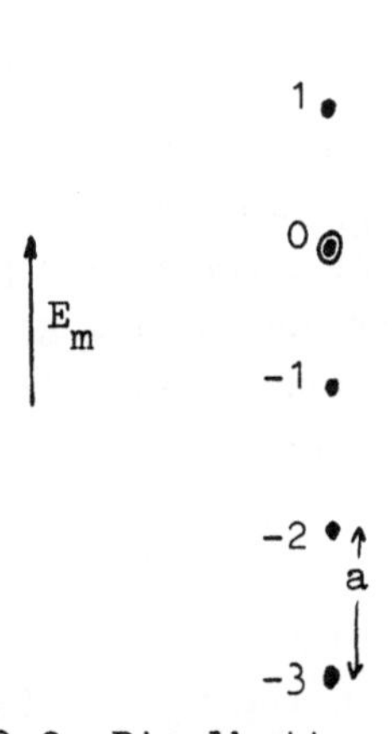

Bild 3.9. Dipolkette

Es soll eine unendlich ausgedehnte Kette von polarisierbaren Molekülen untersucht werden (Bild 3.9), die sich in dem konstanten makroskopischen Feld E_m befindet.

Die lokale Feldstärke E_{loc} an der Stelle des herausgegriffenen Dipols (0) ist dann

$$E_{loc} = E_m + \sum_{n \neq 0} E_n \, ,$$

wobei E_n die vom n-ten Dipol herrührende Feldstärke ist. Da das Feld eines Dipols p auf seiner Achse im Abstand (a n) durch

$$E_n = \frac{p}{2\pi\varepsilon_0 |a\,n|^3}$$

gegeben ist, erhält man

$$E_{loc} = E_m + 2\sum_{n=1}^{\infty} \frac{p}{2\pi\varepsilon_0\, a^3 n^3} \, .$$

Wegen

$$\sum_{n=1}^{\infty} \frac{1}{n^3} = 1{,}202$$

ergibt sich zunächst

$$E_{loc} = E_m + \frac{p}{2{,}61 \, \mathcal{E}_o \, a^3} \, . \tag{3.30}$$

Berücksichtigt man, daß der Zusammenhang zwischen Dipolmoment und lokalem Feld durch (3.28) gegeben ist, erhält man

$$E_{loc} = \frac{E_m}{1 - \dfrac{\alpha}{2{,}61 \, \mathcal{E}_o \, a^3}} \, . \tag{3.31}$$

Man sieht, daß für hinreichend großen Molekülabstand a (oder hinreichend kleine Polarisierbarkeit α) $E_{loc} \approx E_m$ wird.

Nachdem mit (3.31) eine Gleichung für das lokale Feld gewonnen wurde, kann auch die Dielektrizitätskonstante angegeben werden, die sich aus diesem Modell ergibt.

Nach (3.27) und (3.28) ist die Polarisation

$$P = N \alpha \, E_{loc} \, .$$

Hieraus folgt mit (3.22)

$$(\mathcal{E}_r - 1) \mathcal{E}_o \, E_m = N \alpha \, E_{loc} \, . \tag{3.32}$$

Setzt man diese Beziehung in (3.31) ein, erhält man

$$\mathcal{E}_r - 1 = \frac{N \alpha / \mathcal{E}_o}{1 - \dfrac{\alpha}{2{,}61 \, \mathcal{E}_o \, a^3}} \, . \tag{3.33}$$

Damit konnte in diesem einfachsten Modell die Dielektrizitätskonstante unter Berücksichtigung des lokalen Feldes als Funktion von α berechnet werden.

Diese an einem eindimensionalen Modell durchgeführten Überlegungen wären nun konsequenterweise auf den dreidimensionalen Fall zu übertragen. Die Auswertung der dabei auftretenden Summen stößt jedoch auf Schwierigkeiten. Insbesondere müßte man für jede Gitterstruktur eine neue Rechnung durchführen; das wäre für praktische Anwendungen ein viel zu aufwendiges Verfahren. Man ist daher auf Näherungsmethoden angewiesen.

Zur näherungsweisen Berechnung des lokalen Feldes an der Stelle des herausgegriffenen Moleküls denkt man sich eine Kugel vom Radius a um dem Aufpunkt gelegt (Bild 3.10). Der Radius dieser Kugel wird so gewählt[*]), daß ihr Volumen denjenigen Raum kennzeichnet, der „einem Molekül zur Verfügung steht", d.h.

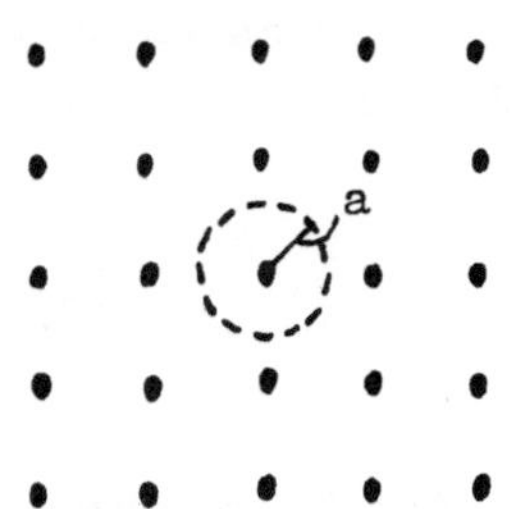

Bild 3.10. Ebenes Gittermodell

$$\frac{4\pi}{3}\, a^3 N = 1 .\tag{3.34}$$

Dann befindet sich im Inneren dieser Kugel nur ein Dipol, für welchen das lokale Feld berechnet werden soll.

Die anzuwendende Näherung besteht nun darin, daß die von den übrigen Dipolen herrührende Feldstärke nicht durch exaktes Aufsummieren, sondern durch eine m a k r o s k o p i s c h e Betrachtungsweise gewonnen wird: die Materie außerhalb der betrachteten Kugel wird als D i e l e k t r i k u m mit der Dielektrizitätskonstanten ε aufgefaßt. Damit kann man das Ergebnis der Aufgabe 3 auf den hier vorliegenden Fall anwenden: bezeichnet man mit $\underline{p}$ das Dipolmoment des einzelnen Moleküls und mit $\underline{E}_m$ ein von außen angelegtes Feld, so ist die lokale Feldstärke im Innern der Kugel

$$\underline{E}_{loc} = \frac{3\,\varepsilon_r}{2\,\varepsilon_r + 1}\,\underline{E}_m + \frac{2\,(\varepsilon_r - 1)}{2\,\varepsilon_r + 1}\,\frac{\underline{p}}{4\pi\,\varepsilon_o\,a^3} .\tag{3.35}$$

Dabei wurde das Eigenfeld des Dipols, also der $1/r^3$ enthaltende Term, bereits weggelassen.

Die Gleichungen (3.34) und (3.35) sind sowohl für Verzerrungs- als auch für Orientierungspolarisation gültig. Bei der hier zu besprechenden Verzerrungspolarisation ist zu berücksichtigen, daß Dipolmoment $\underline{p}$, Polarisation $\underline{P}$ und lokales Feld $\underline{E}_{loc}$ in derselben Richtung liegen und daß alle atomaren Dipolmomente gleich groß sind; analog zu (3.27) und (3.28) ist

$$\underline{P} = N\,\underline{p} = N\,\alpha\,\underline{E}_{loc} .\tag{3.36}$$

---

[*]) Die einzelnen Naherungsmethoden unterscheiden sich durch die spezielle Wahl des Kugelradius a.

Einsetzen von (3.34) und (3.36) in (3.35) führt mit (3.22) auf

$$E_{loc} = \frac{\varepsilon_r + 2}{3} \, E_m \; .$$

Einsetzen dieses Wertes in (3.32) liefert den gesuchten Zusammenhang zwischen Dielektrizitätszahl ε_r und Polarisierbarkeit α [*]):

$$\frac{\varepsilon_r - 1}{\varepsilon_r + 2} = \frac{N\alpha}{3\varepsilon_0} \quad \text{oder} \quad \varepsilon_r - 1 = \frac{N\alpha/\varepsilon_0}{1 - \frac{N\alpha}{3\varepsilon_0}} \; . \tag{3.37}$$

Für hinreichend kleine Polarisierbarkeit α oder hinreichend kleine Konzentration N vereinfacht sich (3.37) zu

$$\varepsilon_r - 1 = \frac{N\alpha}{\varepsilon_0} \quad \text{für} \quad \varepsilon_r \approx 1 \; ; \tag{3.37a}$$

wie ein Vergleich mit (3.32) zeigt, entspricht dies der Näherung $E_m \approx E_{loc}$.

Häufig drückt man in (3.37) N, die Zahl der Moleküle pro Volumeneinheit, durch L, die Zahl der Moleküle pro mol, aus. Eine Umrechnungsformel findet man beispielsweise, indem man das Gewicht eines Moleküls einmal in der Form

$$\frac{\tilde{\varrho}}{N} = \frac{\text{Gewicht}/\text{Volumen}}{\text{Zahl}/\text{Volumen}}$$

und zum andern in der Form

$$\frac{M}{L} = \frac{\text{Molekulargewicht}}{\text{Loschmidtzahl}}$$

schreibt,

$$N = \frac{L\,\tilde{\varrho}}{M} \; .$$

Damit erhält man die Clausius - Mossotti - Gleichung für die sog. „molare Polarisation"[+]) $L\alpha/(3\varepsilon_0)$

---

[*]) Einsetzen von (3.34) in (3.33) zeigt, daß sich das einfache eindimensionale Modell nur durch einen Zahlenfaktor von (3.37) unterscheidet.

[+]) Die Bezeichnung ist unglücklich gewählt, da diese Größe nicht die Dimension einer Polarisation hat, vgl. (3.22).

$$\frac{L\alpha}{3\varepsilon_0} = \frac{M}{\tilde{\rho}}\,\frac{\varepsilon_r - 1}{\varepsilon_r + 2} \quad . \tag{3.37b}$$

Ersetzt man in dieser Gleichung nach (3.18) ε_r durch n^2, erhält man die „Lorentz - Lorenz - Gleichung".

Die Formel (3.37b) kann dazu herangezogen werden, die Gültigkeit des verwendeten Näherungsverfahrens experimentell zu prüfen. Da die linke Seite unabhängig von der Dichte $\tilde{\rho}$ ist, muß dies auch für die rechte Seite zutreffen: für die molare Polarisation (die man aus der Messung $\varepsilon_r(\tilde{\rho})$ berechnen kann) muß sich ein dichteunabhängiger Wert ergeben. Messungen an Stickstoff und Sauerstoff bestätigen dies sehr gut, bei Drukken zwischen 1 at und 2 000 at änderte sich die molare Polarisation um weniger als 1%. Andererseits gibt es auch Fälle, in denen die Übereinstimmung nicht so gut ist. Dies wird auf die bei der Berechnung des lokalen Feldes angewendete Näherungsmethode zurückgeführt.

3.4.2. Elektronische Polarisierbarkeit

Der nächste Schritt müßte nun die Bestimmung von α_e aus atomaren Daten sein. Die exakte Lösung dieser Aufgabe würde eine quantenmechanische Rechnung erfordern; darauf soll hier jedoch verzichtet werden. Man kann die Vorgänge an einem klassischen Modell plausibel machen, das zwar nicht alle Feinheiten, aber doch die zu erwartenden Größenordnungen und das Frequenzverhalten richtig wiedergibt. Das klassische Modell wird dabei so gewählt, daß die wesentlichen Ergebnisse der Quantentheorie richtig herauskommen.

In diesem Modell wird das Atom dargestellt durch eine positive Punktladung +q, die von einer Kugel mit konstanter negativer Raumladungsdichte

$$\rho = -q\left/\frac{4\pi}{3}\,a^3\right.$$

umgeben ist. Die nicht deformierbare negative Raumladungswolke kann Schwingungen um den viel schwereren, als ruhend angesehenen Kern ausführen (Bild 3.11), deren Eigenfrequenz zunächst berechnet werden soll.

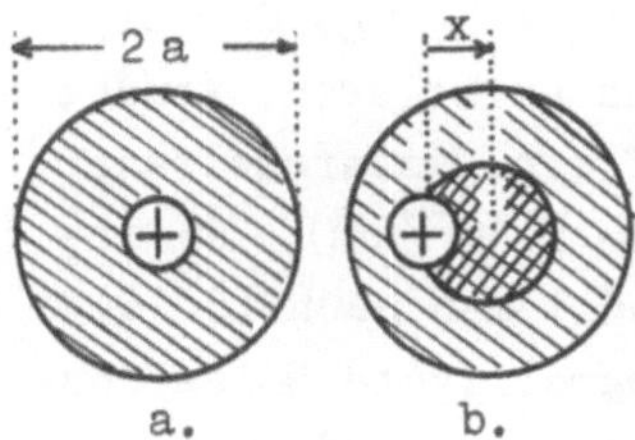

Bild 3.11. Atommodell zur Berechnung von α_e.
a. Gleichgewichtslage
b. Auslenkung

Um die Kraft zu bestimmen, die bei einer Auslenkung x zwischen positiver Punktladung und negativer Raumladungswolke auftritt, ist zunächst die Feldstärke E an der Stelle der positiven Punktladung zu ermitteln[*]). Da die Raumladungswolke kugelsymmetrisch ist, wird

$$E = - \frac{Q}{4\pi\varepsilon_o x^2} \; ,$$

wobei Q die Ladung in der doppelt schraffierten Kugel ist,

$$Q = \varrho V = - \frac{q}{\frac{4\pi}{3}a^3} \frac{4\pi}{3} x^3 \; .$$

Damit ergibt sich für die Kraft, mit der die negative Ladungswolke wieder in die Ruhelage zurückgezogen wird, der Ausdruck

$$K = -q E = - \frac{q^2}{4\pi\varepsilon_o a^3} x \; .$$

Bezeichnet man die Masse der negativen Raumladungswolke mit m, so folgt aus der Bewegungsgleichung

$$K = m \frac{d^2x}{dt^2} .$$

die Schwingungsgleichung

$$-\omega_o^2 \, x = \frac{d^2x}{dt^2} \quad \text{mit} \quad \omega_o^2 = \frac{q^2}{4\pi\varepsilon_o a^3 m} \; .$$

Damit ist die Eigenfrequenz ω_o bestimmt.

Bevor die Rechnung weitergeführt wird, sei zur Kontrolle des Modells geprüft, ob dieses Ergebnis in einer vernünftigen Grössenordnung liegt. Ein mit der Frequenz ω_o schwingender Dipol würde klassisch Strahlung dieser Frequenz emittieren. Wendet man die vorangegangenen Überlegungen auf ein Wasserstoffatom an (m = Elektronenmasse, a = Atomradius = $5 \cdot 10^{-9}$ cm), so ergibt sich $\omega_o \approx 4,5 \cdot 10^{16} \, s^{-1}$; daraus erhält man nach (3.16) eine Wellenlänge $\lambda \approx 0,4 \cdot 10^{-5}$ cm. Die langwelligste Emissionslinie des Wasserstoffatoms ist um den Faktor 3 größer. Die

---

[*]) Zur eindeutigen Festlegung des Vorzeichens soll die Feldstärke in +x - Richtung positiv gezählt werden.

Größenordnung hat sich also aus dieser einfachen Rechnung richtig ergeben. Die Abweichungen sind einmal darauf zurückzuführen, daß im Atom tatsächlich keine homogene Ladungsverteilung vorliegt; zum anderen ist aber auch zu berücksichtigen, daß in atomaren Bereichen die klassische Beschreibungsweise prinzipiell versagt. Um diesen Schwierigkeiten zu entgehen, wird im folgenden die Eigenfrequenz als freier Parameter eingeführt, der geeignet zu bestimmen ist.

Aus der Tatsache, daß ein schwingender Dipol im klassischen Bild Strahlung emittiert, ergibt sich ein zeitliches Abklingen der Eigenschwingung. Dies kann formal durch Einführung einer Dämpfungskonstanten γ berücksichtigt werden. Ihr Wert wird ebenfalls als offener Parameter mitgeführt, wobei die Dämpfung proportional zur Geschwindigkeit angenommen wird. Wirkt außerdem auf die Ladungswolke noch ein von außen angelegtes Wechselfeld, welches an der Stelle des Atoms zu einem lokalen Feld

$$\underline{E}_{loc}(t) = \hat{\underline{E}}_{loc}\,\exp(j\omega t)$$

führt, so ergibt sich durch sinngemäße Erweiterung des oben verwendeten Kraftausdruckes die Gleichung einer erzwungenen gedämpften Schwingung[*])

$$\frac{d^2\underline{x}}{dt^2} + 2\gamma\frac{d\underline{x}}{dt} + \omega_o^2\,\underline{x} = -\frac{q}{m}\underline{E}_{loc}\,. \qquad (3.38)$$

---

[*]) Eine Differentialgleichung desselben Aufbaues ergibt sich auch in dem entsprechenden elektrischen Fall, Bild 3.12. Man erhält

$$\frac{d^2\underline{I}}{dt^2} + \frac{R}{L}\frac{d\underline{I}}{dt} + \frac{1}{CL}\underline{I} = \frac{j\omega}{L}\underline{U}\,.$$

Da beide Differentialgleichungen übereinstimmen, kann man mit der hierdurch festgelegten Zuordnung die vom elektrischen Kreis bekannten Ergebnisse unmittelbar auf den vorliegenden Fall übertragen.

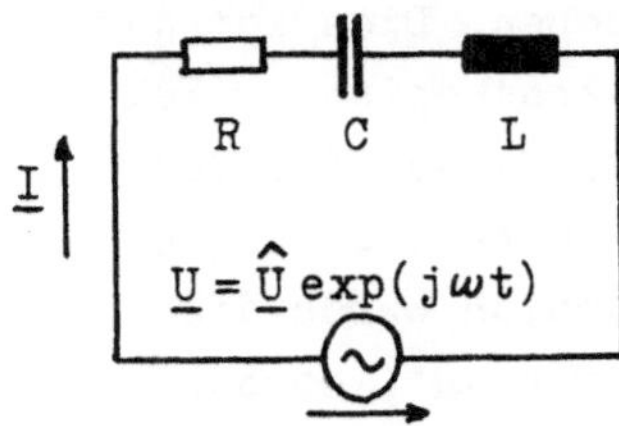

Bild 3.12. Erzwungene gedämpfte elektrische Schwingung

Man kann zu einer Gleichung für das Dipolmoment p(t) des einzelnen Atoms übergehen, wenn man berücksichtigt, daß nach (3.25) und Bild 3.11b

$$\underline{p} = - q \, \underline{x}$$

ist. Sieht man von Ein- und Ausschaltvorgängen ab, so sind nur diejenigen Lösungen zu suchen, welche dieselbe Zeitabhängigkeit wie das erregende Feld haben. Geht man mit dem Ansatz

$$\underline{p} = \hat{\underline{p}} \exp(j \omega t)$$

in die Differentialgleichung für p ein, erhält man

$$\underline{p} = \frac{q^2 / m}{\omega_0^2 - \omega^2 + 2 j \gamma \omega} \, \underline{E}_{loc} \quad .$$

Hieraus folgt nach (3.28) für die Polarisierbarkeit

$$\alpha_e = \frac{q^2 / m}{\omega_0^2 - \omega^2 + 2 j \gamma \omega} \quad .$$

Einsetzen dieses Wertes in (3.37) führt auf den gesuchten Zusammenhang zwischen ε_r und atomaren Daten,

$$\left. \varepsilon_r - 1 = \frac{B}{\omega'^2 - \omega^2 + 2 j \gamma \omega} \quad \text{mit} \quad \omega'^2 = \omega_0^2 - \frac{B}{3} \atop \text{und} \quad B = \frac{N q^2}{\varepsilon_0 \, m} \quad . \right\} \quad (3.39)$$

Bei $\omega = \omega'$ liegt eine Resonanzstelle vor, wie es von erzwungenen Schwingungen bekannt ist. Die Resonanzfrequenz ω' ist jedoch gegenüber der Eigenfrequenz ω_0 verschoben. Dies ist darauf zurückzuführen, daß lokales Feld und makroskopisches Feld nicht übereinstimmen: geht man statt von (3.37) von (3.37a) aus, vernachlässigt also die durch das lokale Feld bedingte Korrektur, wird $\omega' = \omega_0$ (bei dieser Diskussion wurde die Dämpfung als hinreichend klein angenommen, $\gamma \ll \omega'$, so daß ihr Einfluß auf die Resonanzfrequenz vernachlässigt werden kann).

Um die Frequenzabhängigkeit von ε' und ε'' explizite zu erhalten, ist (3.39) in Real- und Imaginärteil zu zerlegen,

$$\varepsilon_r - 1 = B \, \frac{(\omega'^2 - \omega^2) - 2 j \gamma \omega}{(\omega'^2 - \omega^2)^2 + 4 \gamma^2 \omega^2} \quad . \tag{3.40}$$

Dieser Ausdruck soll für einfache Grenzfälle diskutiert werden.

Für $\omega \ll \omega'$ wird der Imaginärteil klein gegenüber dem Realteil, so daß ersterer vernachlässigt werden kann. Im Rahmen dieser Näherung wird

$$\varepsilon_r - 1 = \frac{B}{\omega'^2} \; .$$

Im entgegengesetzten Grenzfall $\omega \gg \omega'$ ist der Imaginärteil wiederum klein gegenüber dem Realteil und kann vernachlässigt werden; nun wird

$$\varepsilon_r - 1 = - \frac{B}{\omega^2} \; ;$$

in diesem Bereich ist also $\varepsilon_r < 1$.

Um das Verhalten in der Umgebung der Resonanzstelle zu diskutieren, wird

$$\omega = \omega' + \Delta \; ; \quad \Delta \ll \omega'$$

gesetzt. Damit vereinfacht sich (3.40) zu

$$\varepsilon_r - 1 = - \frac{B}{2\,\omega'} \; \frac{\Delta + j\gamma}{\Delta^2 + \gamma^2} \; .$$

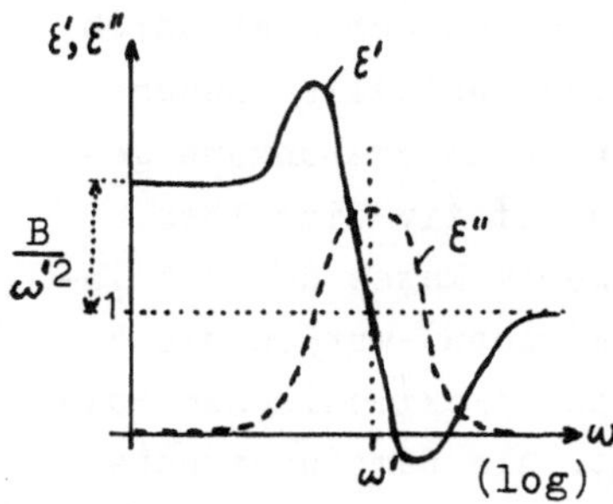

Bild 3.13. Resonanzabsorption; ε' und ε'' als Funktion der Frequenz

In Bild 3.13 ist der Verlauf von ε' und ε'', wie er sich aus den vorangegangenen Überlegungen ergibt, schematisch dargestellt. Man sieht, daß lediglich in der Umgebung der Resonanzstelle eine Dämpfung auftritt („Resonanz - Absorption"). Weiterhin sei festgehalten, daß diese Dämpfung nicht mit einer Gleichstromleitfähigkeit verknüpft ist: in dem verwendeten Modell waren nur gebundene Elektronen vorhanden, die keinen Beitrag zur Leitfähigkeit liefern.

Bei Frequenzen, die kleiner als die Resonanzfrequenz sind, vermögen die Dipole dem Feld zu folgen, sie liefern einen Beitrag zu ε'. Bei Frequenzen oberhalb der Resonanzfrequenz ist dies nicht mehr möglich. Der Fall, daß ε' mit steigender Frequenz ansteigt (Bereich außerhalb der Resonanzstelle), wird als normale Dispersion bezeichnet; nimmt ε' mit steigender Frequenz ab (Bereich der Resonanzstelle), spricht man von anomaler

Dispersion.

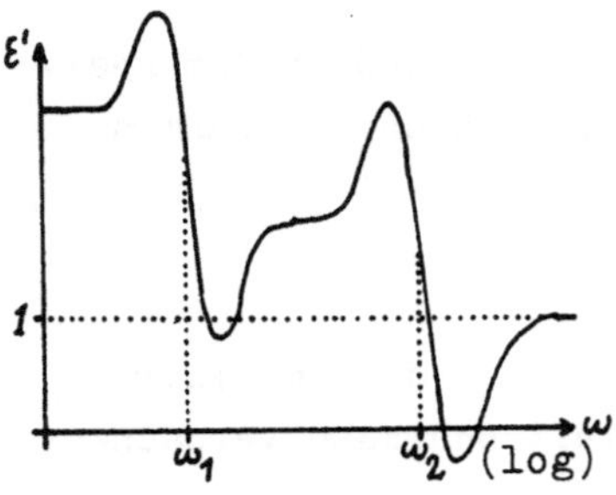

Bild 3.14. Frequenzabhängigkeit von $\mathcal{E}'$ für zwei Resonanzstellen

Sind in einer Substanz verschieden stark gebundene Elektronen vorhanden, werden sich mehrere Eigenfrequenzen und damit mehrere Resonanzfrequenzen ergeben. Bild 3.14 zeigt dies für zwei Frequenzen ω_1 und ω_2. Die einzelnen Mechanismen liefern immer nur einen Beitrag zur Dielektrizitätskonstanten im Frequenzbereich unterhalb ihrer Resonanzstelle. Damit bleibt die Dielektrizitätskonstante im Bereich außerhalb der Resonanzstelle größer als 1, außer bei sehr hohen Frequenzen jenseits der letzten Resonanzstelle. Hierdurch wird z.B. verständlich, daß die Dielektrizitätskonstante für Röntgenstrahlen etwas kleiner als 1 ist.

3.4.3. Atomare Polarisierbarkeit

Gegenüber der elektronischen Polarisierbarkeit ergeben sich für die atomare Polarisierbarkeit α_a im Rahmen der hier durchgeführten qualitativen Betrachtungen keine wesentlich neuen Gesichtspunkte. Auch in diesem Fall liegt eine erzwungene gedämpfte Schwingung vor, es sind daher qualitativ dieselben Verhältnisse zu erwarten. Wegen der größeren Masse der schwingenden Partikel (Atome anstelle von Elektronen) werden die Eigenfrequenzen niedriger liegen als bei der elektronischen Polarisierbarkeit, nämlich im Infrarotgebiet. Als Dämpfungsmechanismen kommen hier in erster Linie Stöße mit anderen Molekülen in Betracht. Wie eine genauere Untersuchung zeigt[+], verursachen solche Stöße bei Mittelung über viele Dipole ebenfalls einen „Dämpfungsterm", so daß sich für die Dielektrizitätskonstante formal wieder (3.39) ergibt[*].

[+] s. z.B. [9], S. 135.

[*] Als Analogiebeispiel sei das Zustandekommen der ohmschen Leitfähigkeit angeführt: die Elektronen erfahren im mikroskopischen Bild in der Zeit zwischen zwei Stößen eine Beschleunigung proportional zur Kraft $-q\,E$. Makroskopisch wirken sich die Stöße jedoch so aus, daß im

Im allgemeinen trägt α_a zur Gesamtpolarisation nur wenig bei, da es verglichen mit α_e verhältnismäßig klein ist.

Abschließend sei noch erwähnt, daß elektronische und atomare Polarisierbarkeit in gleicher Weise in Gasen, Flüssigkeiten und Festkörpern auftreten. Dabei ist bei der atomaren Polarisierbarkeit zu beachten, daß in Festkörpern der einzelne (geladene) Gitterbaustein nicht nur an e i n e n anderen Gitterbaustein, sondern zum mindesten an alle nächsten Nachbarn gebunden ist; das ändert aber nichts am Prinzip des Mechanismus.

3.5. Orientierungspolarisation

In diesem Abschnitt sind diejenigen Substanzen zu behandeln, welche auch ohne Anlegen eines äußeren Feldes permanente Dipole besitzen. Diese werden unter dem Einfluß des Feldes mehr oder weniger vollständig ausgerichtet. Zur Vereinfachung soll bei den Diskussionen dieses Abschnittes die auch hier vorhandene elektronische und atomare Polarisierbarkeit vernachlässigt werden. Es wird zunächst das lokale Feld berechnet, sodann die statische Dielektrizitätskonstante ermittelt und anschließend das Frequenzverhalten untersucht.

Generell ist zu bemerken, daß die Orientierungspolarisation einen wesentlichen Beitrag zur statischen Dielektrizitätskonstanten liefert; beispielsweise hat Wasser, eine dipolare Substanz, eine statische Dielektrizitätskonstante von 81, bei optischen Frequenzen dagegen ist $\varepsilon_r = 1{,}77$. Dieser Größenunterschied ist im wesentlichen auf das Ausfallen der Orientierungspolarisation bei hohen Frequenzen zurückzuführen. Daher kommt diesem Mechanismus für das technische Verhalten von Dielektrika entscheidende Bedeutung zu.

3.5.1. Lokales Feld

Zur näherungsweisen Berechnung des lokalen Feldes wird wieder das bereits in Abschnitt 3.4.1 angewendete Verfahren zugrunde gelegt; die Gleichungen (3.34) und (3.35) gelten auch hier. Allerdings ist zu berücksichtigen, daß im allgemeinen Fall der Dipol im Kugelmittelpunkt nicht die Richtung des loka-

---

Mittel die G e s c h w i n d i g k e i t proportional zur Kraft wird; das entspricht formal einer „Reibung".

len Feldes hat, so daß die Vektorschreibweise erforderlich ist. Einsetzen von (3.34) in (3.35) führt auf

$$\underline{E}_{loc} = \frac{3\,\varepsilon_r}{2\,\varepsilon_r + 1}\,\underline{E}_m + \frac{N}{3\varepsilon_o}\,\frac{2(\varepsilon_r - 1)}{2\,\varepsilon_r + 1}\,\underline{p}\ . \tag{3.41}$$

3.5.2. Statische Dielektrizitätskonstante

Die permanenten Dipole werden nur zu einem geringen Teil in die Richtung des makroskopischen Feldes ausgerichtet, da die Temperaturbewegung der ordnenden Kraft des Feldes entgegenwirkt. Für das makroskopische Verhalten interessiert nicht die momentane Lage jedes einzelnen Dipols, sondern nur der Mittelwert des Dipolmoments in Feldrichtung, da nur dieser Anteil einen Beitrag zu ε_r liefert. Das mittlere Dipolmoment in Feldrichtung, $\bar{p}$, ist nach Bild 3.15 durch

$$\bar{p} = p\,\overline{\cos\vartheta} \tag{3.42}$$

gegeben, wobei p das permanente Dipolmoment bedeutet und ϑ der Winkel zwischen makroskopischem Feld $\underline{E}_m$ und Dipolmoment $\underline{p}$ ist.

Um diesen Mittelwert berechnen zu können, muß die Verteilung der Dipole über die Richtungen der Einheitskugel bekannt sein. Es sei

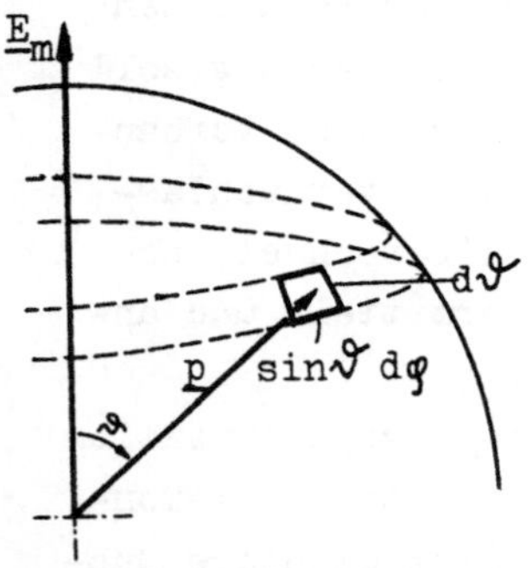

Bild 3.15. Zur Berechnung des mittleren Dipolmoments

$$F(\vartheta)\,\sin\vartheta\,d\vartheta\,d\varphi$$

die Zahl der Dipole pro Volumeneinheit, deren Moment in die Richtung des Raumwinkels

$$d\Omega = \sin\vartheta\,d\vartheta\,d\varphi$$

weist (Bild 3.15). Nun ist allgemein die Zahl der Systeme, die einen Zustand mit der Energie W einnehmen, proportional dem Boltzmann-Faktor[*]) exp(-W/kT). Da die Energie des Dipols im elektrischen Feld durch

$$W = -\underline{p}\,\underline{E}_{loc} \tag{3.43}$$

gegeben ist, wird

---

[*]) Diese Aussage setzt voraus, daß die Dipole mit ihrer Umgebung in Wechselwirkung treten, beispielsweise durch Stöße.

$$F(\vartheta) = \text{const} \cdot \exp\left(\frac{p\,E_{loc}}{kT}\right) \; . \tag{3.44}$$

Die Konstante ist durch die Forderung bestimmt, daß Integration von F über die Einheitskugel die Dichte N liefern muß.

Der Mittelwert $\overline{g}$ einer Größe $g(x)$ ist generell gleich der Summe über alle möglichen Funktionswerte $g(x)$, gewichtet mit der Zahl der Systeme $F(x)$, die diesen Wert annehmen, dividiert durch die Gesamtzahl N der Systeme,

$$\overline{g} = \frac{1}{N} \int dx \; g(x) \; F(x) \; . \tag{3.45}$$

Im vorliegenden Fall folgt aus (3.44) und (3.45) mit $g(x) \rightarrow \cos\vartheta$ der Ausdruck

$$\overline{\cos\vartheta} = \frac{\displaystyle\int_0^{2\pi} d\varphi \int_0^{\pi} \sin\vartheta \; d\vartheta \; \cos\vartheta \; \exp\left(\frac{p\,E_{loc}}{kT}\right)}{\displaystyle\int_0^{2\pi} d\varphi \int_0^{\pi} \sin\vartheta \; d\vartheta \; \exp\left(\frac{p\,E_{loc}}{kT}\right)} \; .$$

Das Integral im Nenner ist durch die Normierungskonstante bedingt. Weiter ist nach (3.41) und Bild 3.15

$$p\,E_{loc} = \frac{3\,\varepsilon_r}{2\,\varepsilon_r + 1} \; p\,E_m \cos\vartheta + \frac{N}{3\varepsilon_0} \frac{2(\varepsilon_r - 1)}{2\,\varepsilon_r + 1} \; p^2 \; .$$

Bei der Mittelwertsbildung fällt der letzte Term, der unabhängig von $\cos\vartheta$ ist, heraus; er liefert keinen Beitrag zur Ausrichtung. Das läßt sich folgendermaßen plausibel machen: dieser Feldanteil hat die Richtung des permanenten Dipols; er kann also nichts zur Drehung des Dipols in Feldrichtung beitragen (dagegen hat er einen Einfluß auf die Verzerrungspolarisation, die hier außer Acht gelassen wird).

Führt man zur Auswertung der Integrale die Abkürzungen

$$x = \cos\vartheta \; ; \qquad \beta = \frac{3\,\varepsilon_r}{2\,\varepsilon_r + 1} \; \frac{p\,E_m}{kT}$$

ein, ergibt sich

$$\overline{\cos\vartheta} = \frac{\int\limits_{-1}^{+1} dx\, x\, \exp(\beta x)}{\int\limits_{-1}^{+1} dx\, \exp(\beta x)} = \coth(\beta) - \frac{1}{\beta} = L(\beta)\,. \qquad (3.46)$$

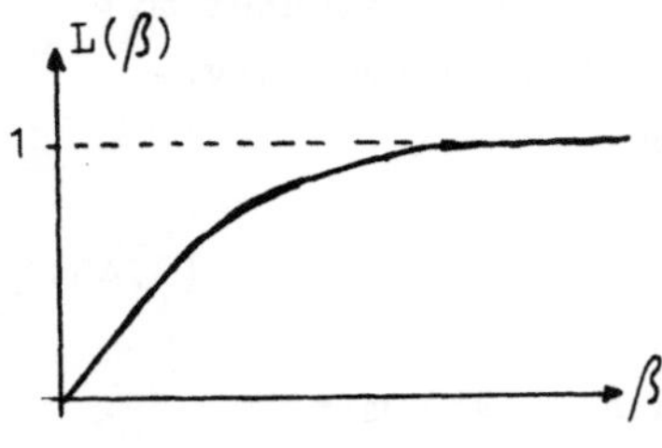

Bild 3.16. Langevin-Funktion

$L(\beta)$ wird als Langevin-Funktion bezeichnet, Bild 3.16 zeigt den qualitativen Verlauf. Im Grenzfall $\beta \gg 1$ geht $L(\beta) \to 1$, für $\beta \ll 1$ ergibt sich durch Reihenentwicklung $L(\beta) \approx \beta/3$. Wie weiter unten gezeigt wird, liegt in den meisten praktischen Fällen der letzte Grenzfall vor, so daß sich für das mittlere Dipolmoment in Richtung des makroskopischen Feldes der Wert

$$\overline{p} = p\,\overline{\cos\vartheta} = \frac{\varepsilon_r}{2\varepsilon_r + 1}\,\frac{p^2\, E_m}{kT} \qquad (3.47)$$

ergibt. Das mittlere Dipolmoment in Feldrichtung hängt also vom permanenten Moment p des einzelnen Moleküls, vom makroskopischen Feld und von der Temperatur ab: die Temperaturbewegung strebt eine Gleichverteilung an, wirkt also einer Ausrichtung durch das Feld entgegen; daraus ergibt sich eine Temperaturabhängigkeit von ε_r.

Um die in (3.29) auftretende Polarisierbarkeit α_d explizite anzugeben, kann man zum Grenzfall $\varepsilon_r \to 1$ übergehen, dann wird $E_{loc} = E_m$; ein Vergleich mit (3.28) zeigt, daß

$$\alpha_d = \frac{p^2}{3\,kT} \qquad (3.48)$$

wird.

Mit (3.22) und (3.27) läßt sich aus (3.47) sofort eine Gleichung für ε_r als Funktion der atomaren Parameter gewinnen:

$$\frac{(\varepsilon_r - 1)(2\varepsilon_r + 1)}{\varepsilon_r} = \frac{N\, p^2}{\varepsilon_0\, kT}\,. \qquad (3.49)$$

Im Gegensatz zu den in Abschnitt 3.4 behandelten Polarisationsmechanismen ergibt sich hier eine Temperaturabhängigkeit der
Dielektrizitätskonstanten. Damit läßt sich experimentell die
Orientierungspolarisation von der Verzerrungspolarisation unterscheiden. Am einfachsten kann man die Messung an Gasen durchführen, da dann N so klein ist, daß $E_{loc} = E_m$ gesetzt werden
kann; (3.49) vereinfacht sich zu

$$\varepsilon_r - 1 = \frac{N\,p^2}{3\,\varepsilon_o\,kT} \quad . \tag{3.49a}$$

Ein Vergleich mit (3.37a), der analogen Formel für Verzerrungspolarisation, zeigt, daß man bei
einer Auftragung von ($\varepsilon_r - 1$) als
Funktion von 1/T für Verzerrungspolarisation eine horizontale Gerade, für Orientierungspolarisation
dagegen eine ansteigende Gerade erhalten sollte, wobei sich aus dem
Anstieg die Größe des permanenten
Moments bestimmen läßt. In Bild 3.17
sind einige Beispiele skizziert.

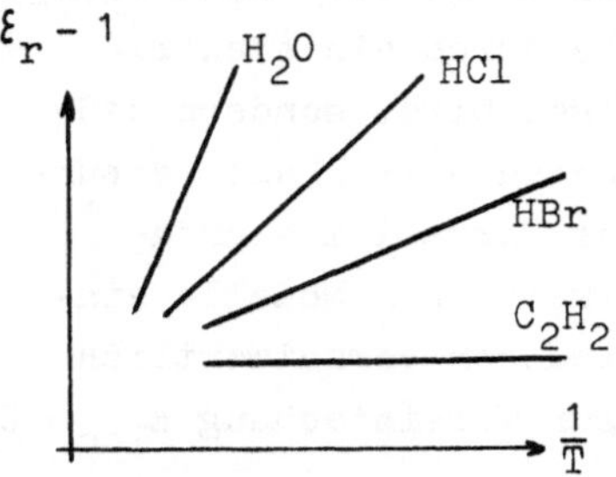

Bild 3.17. Suszeptibi-
lität als Funktion von
1/T nach [11], S. 150

Als typische Größenordnung des
Dipolmoments (z.B. HCl) ergibt sich

$$p \approx 3,5 \cdot 10^{-28} \text{ A s cm}$$

(etwa das Produkt aus Elementarladung und Moleküldurchmesser).
Damit wird eine Abschätzung des in (3.46) auftretenden Parameters β möglich. Unabhängig von ε_r wird die Voraussetzung
$\beta \ll 1$ erfüllt sein, wenn

$$\frac{p\,E_m}{kT} \ll 1$$

ist. Für $T = 300^o$ K und $p = 3,5 \cdot 10^{-28}$ A s cm wird dieser Ausdruck
gleich 1 bei einer Feldstärke von etwa $1,2 \cdot 10^7$ V/cm. Selbst
für sehr tiefe Temperaturen wird die verwendete Näherung für
nicht zu hohe Feldstärken brauchbar sein. Weiter folgt hieraus, daß von einer vollständigen Ausrichtung aller Dipole bei
üblichen Feldstärken nicht die Rede sein kann.

Unter Berücksichtigung dieser Tatsache kann man die voran-
gegangene Rechnung auch in einfacherer Weise durchführen. Aus

(3.44) folgt für $\mathcal{E}_r \approx 1$ die Verteilungsfunktion

$$F(\vartheta) = \frac{N}{4\pi} \left(1 + \frac{p\,E_m}{kT} \cos\vartheta\right) ; \qquad (3.50)$$

damit ergibt sich aus (3.45)

$$\overline{\cos\vartheta} = \frac{p\,E_m}{3\,kT}$$

in Übereinstimmung mit (3.47).

3.5.3. Frequenzverhalten

Der Diskussion des Frequenzverhaltens liegt die Vorstellung zugrunde, daß die Ausrichtung der Dipole durch ein elektrisches Feld nicht beliebig schnell erfolgen wird, sondern daß diese Einstellung vielmehr mit einer gewissen Trägheit verbunden ist. Es wird zunächst der allgemeine Formalismus aufgestellt, ohne im einzelnen auf die physikalischen Modelle einzugehen, die für diese Trägheitserscheinungen verantwortlich sind. Weiter soll in diesem Abschnitt zur Vereinfachung $E_{loc} = E_m$ gesetzt werden.

3.5.3.1. Debye - Gleichungen

Um zu einer expliziten Aussage über die Zeitabhängigkeit der Orientierungspolarisation P_d zu gelangen, sei angenommen, daß die zeitliche Änderung dieses Polarisationsanteils proportional ist zur Abweichung von demjenigen Wert P_{do}, der sich bei trägheitsloser Einstellung ergeben würde, also

$$\frac{dP_d(t)}{dt} = \frac{P_{do} - P_d(t)}{\tau} . \qquad (3.51)$$

Dabei hat τ die Bedeutung einer „Relaxationszeit" (Einstellzeit); man spricht daher auch von Relaxationsmechanismen im Gegensatz zu den Resonanzmechanismen.

Die physikalische Bedeutung von (3.51) kann man beispielsweise an der Diskussion des Einschaltvorganges erkennen. Wenn zur Zeit $t = 0$ ein elektrisches Feld sprunghaft von 0 auf E_o geschaltet wird, steigt die Polarisation von dem Wert $P_d(0) = 0$ erst allmählich auf den Wert $P_{do} = N\alpha_d E_o$ an, der sich bei trägheitsloser Einstellung ergeben würde und aus einer zeitunabhängigen Rechnung gewonnen werden kann. Unter Berücksichtigung der Anfangsbedingung ergibt sich aus (3.51)

$$P_d(t) = P_{do}\left[1 - \exp\left(-\frac{t}{\tau}\right)\right] \ .$$

Bei dem entsprechenden Ausschaltvorgang würde sich bei trägheitsloser Einstellung $P_{do} = 0$ ergeben. Als Anfangsbedingung ist hier $P_d(0)$ vorgegeben (Bild 3.18), damit wird

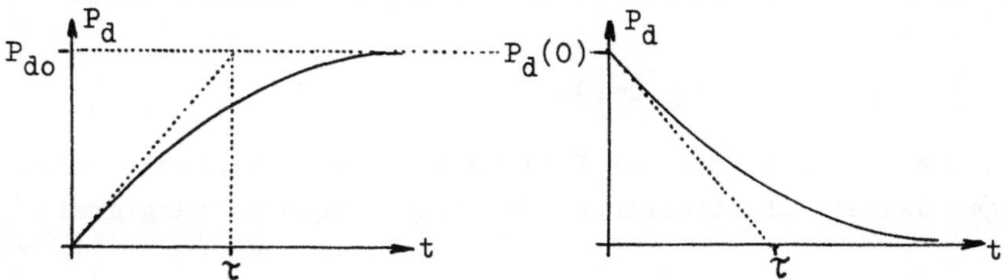

Bild 3.18. Zeitlicher Verlauf von Einschalt- und Ausschaltvorgang

$$P_d(t) = P_d(0) \exp\left(-\frac{t}{\tau}\right) \ .$$

Der Ansatz (3.51) enthält also lediglich die Annahme eines exponentiellen An- und Abklingens des Dipolanteils der Polarisation[*]).

Bevor die eigentliche Aufgabe, die Frequenzabhängigkeit der Dielektrizitätskonstanten für Orientierungspolarisation zu bestimmen, in Angriff genommen wird, sei zunächst nocheinmal der Verlauf der Polarisation bei Vorhandensein mehrerer Dipolsorten mit verschiedenen Relaxationszeiten analog zu Bild 3.8 skizziert (Bild 3.19). Es wird der Polarisationsvorgang für eine herausgegriffene Dipolsorte (Pfeil) untersucht. Für $\omega < \omega_d$ werden diese Dipole dem Feld trägheitslos folgen, es stellt sich eine Polarisation $\tilde{P}_{st}$

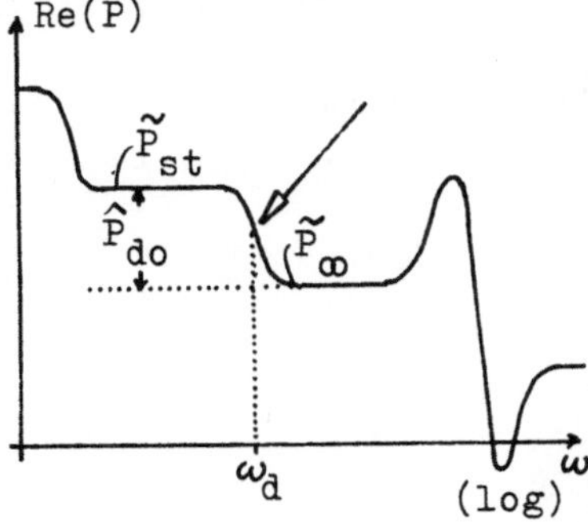

Bild 3.19. Zur Definition von $\tilde{P}_{st}$ und $\tilde{P}_{\infty}$

---

[*]) Im allgemeinen Fall kann man allerdings die Zeitabhängigkeit nicht durch eine einzige Relaxationszeit beschreiben, sondern muß mehrere Zeitkonstanten oder sogar ein kontinuierliches Spektrum von Zeitkonstanten annehmen.

ein. Für hohe Frequenzen ($\omega > \omega_d$) wird dies nicht mehr der Fall sein, so daß in diesem Frequenzbereich die Polarisation nur noch $\tilde{P}_\infty$ beträgt. Die Differenz beider Größen ist der Beitrag dieser Dipole zur statischen Polarisation,

$$\hat{P}_{do} = \tilde{P}_{st} - \tilde{P}_\infty \quad .$$

Legt man ein elektrisches Wechselfeld der Kreisfrequenz ω an die Probe,

$$\underline{E}_m = \hat{\underline{E}}_m \exp(j\omega t) \quad (\hat{\underline{E}}_m \text{ reell}) \quad ,$$

so wird man erwarten, daß der Beitrag P_d dieser Dipolsorte nach Abklingen des Einschaltvorganges dieselbe Frequenzabhängigkeit hat,

$$\underline{P}_d(t) = \hat{\underline{P}}_d \exp(j\omega t) \quad ,$$

wobei nun allerdings infolge der Trägheit eine Phasenverschiebung auftreten kann, $\hat{\underline{P}}_d$ also nicht mehr reell zu sein braucht.

Bei trägheitsloser Einstellung würde sich

$$\underline{P}_{do} = \hat{\underline{P}}_{do} \exp(j\omega t) \quad (\hat{\underline{P}}_{do} \text{ reell})$$

ergeben. Damit erhält man aus (3.51)

$$\hat{\underline{P}}_d = \frac{\hat{\underline{P}}_{do}}{1 + j\omega\tau} = \frac{\tilde{P}_{st} - \tilde{P}_\infty}{1 + j\omega\tau} \quad .$$

Da die gesamte Polarisation in diesem Frequenzbereich

$$\hat{\underline{P}} = \tilde{P}_\infty + \hat{\underline{P}}_d$$

ist, wird

$$\hat{\underline{P}} = \tilde{P}_\infty + \frac{\tilde{P}_{st} - \tilde{P}_\infty}{1 + j\omega\tau} \quad .$$

Mit der zu (3.22) analogen Beziehung

$$\underline{P} = (\varepsilon_r - 1)\varepsilon_o \underline{E}_m$$

folgt für die komplexe Dielektrizitätskonstante in dem betrachteten Frequenzbereich

$$\varepsilon_r(\omega) = \tilde{\varepsilon}_\infty + \frac{\tilde{\varepsilon}_{st} - \tilde{\varepsilon}_\infty}{1 + j\omega\tau} \quad ; \tag{3.52}$$

dabei sind $\widetilde{\mathcal{E}}_\infty$, $\widetilde{\mathcal{E}}_{st}$ die zu $\widetilde{P}_\infty$, $\widetilde{P}_{st}$ gehörenden relativen Dielektrizitätskonstanten, vgl. Bild 3.19.

Zerlegt man (3.52) in Real- und Imaginärteil, erhält man die Debye – Gleichungen

$$\varepsilon' = \widetilde{\mathcal{E}}_\infty + \frac{\widetilde{\mathcal{E}}_{st} - \widetilde{\mathcal{E}}_\infty}{1 + (\omega\tau)^2} \quad ; \quad \varepsilon'' = \frac{\widetilde{\mathcal{E}}_{st} - \widetilde{\mathcal{E}}_\infty}{1 + (\omega\tau)^2}\, \omega\tau \quad . \qquad (3.53)$$

Für den Verlustwinkel ergibt sich nach (3.9) durch Division beider Gleichungen der Ausdruck

$$\tan\delta = \frac{\widetilde{\mathcal{E}}_{st} - \widetilde{\mathcal{E}}_\infty}{\widetilde{\mathcal{E}}_{st} + \widetilde{\mathcal{E}}_\infty(\omega\tau)^2}\, \omega\tau \quad . \qquad (3.53a)$$

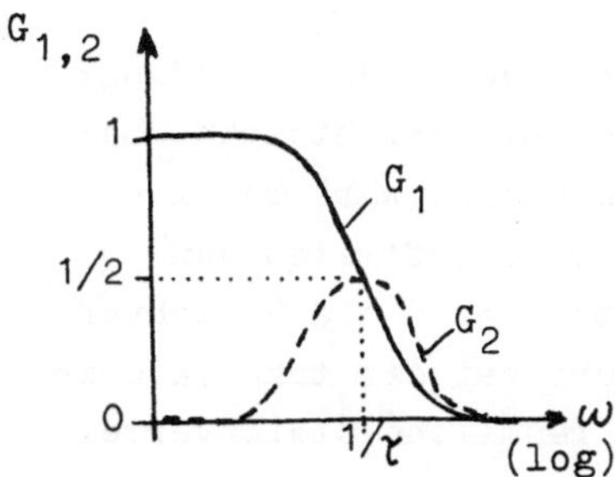

$$G_1 = \frac{1}{1 + (\omega\tau)^2}$$

$$G_2 = \frac{\omega\tau}{1 + (\omega\tau)^2}$$

Bild 3.20. Zur Frequenzabhängigkeit von ε' und ε'' bei Relaxationsmechanismen

In Bild 3.20 sind die Funktionen

$$G_1 = \frac{\varepsilon' - \widetilde{\mathcal{E}}_\infty}{\widetilde{\mathcal{E}}_{st} - \widetilde{\mathcal{E}}_\infty} \quad \text{und}$$

$$G_2 = \frac{\varepsilon''}{\widetilde{\mathcal{E}}_{st} - \widetilde{\mathcal{E}}_\infty} \quad ,$$

also im wesentlichen Real- und Imaginärteil der Dielektrizitätskonstanten, dargestellt. Wie aus dem Verlauf des Imaginärteils ersichtlich ist, treten Verluste nur in demjenigen Bereich auf, in welchem sich der Realteil merklich ändert. vgl. Bild 3.8.

Im folgenden werden als Beispiel zwei physikalische Relaxationsmechanismen diskutiert, welche auf (3.51) und damit auf die Debye – Gleichungen führen.

3.5.3.2. Dipolare Flüssigkeiten

Für permanente Dipole in Flüssigkeiten kann man als Relaxationsmechanismus wieder Stöße der Moleküle untereinander verantwortlich machen. Diese Stöße wirken sich in der makroskopischen Beschreibung wie eine „Reibung" aus. Als Analogie sei auf das Zustandekommen der ohmschen Leitfähigkeit hingewiesen, vergleiche Fußnote S. 26/7; während dort eine translatorische Bewegung vorliegt, handelt es sich hier jedoch um eine Rotationsbewegung.

Durch das elektrische Feld $\underline{E}$ wird ein Drehmoment $\underline{\tilde{T}}$ auf den permanenten Dipol $\underline{p}$ ausgeübt,

$$\underline{\tilde{T}} = \underline{p} \times \underline{E} \ . \tag{3.54}$$

Dieses Drehmoment würde bei Fehlen von Stößen eine Winkel b e - s c h l e u n i g u n g hervorrufen; infolge der Stöße ergibt sich jedoch bei Mittelung über viele Stöße, daß die Winkel g e - s c h w i n d i g k e i t $\dot{\vartheta} = \tilde{\omega}$ proportional dem Drehmoment ist. Mit den aus Bild 3.15 ersichtlichen Bezeichnungen wird

$$p\,E\sin\vartheta = -\mathfrak{f}\,\dot{\vartheta} = -\mathfrak{f}\,\tilde{\omega} \ .$$

$\mathfrak{f}$ hat die Bedeutung einer Reibungskonstanten (reziproke „Beweglichkeit").

Die Stöße wirken sich jedoch noch in anderer Hinsicht aus: sie versuchen, eine Gleichverteilung der Dipolrichtungen über die Einheitskugel einzustellen. Beispielsweise wäre bei Abschalten eines Feldes die Polarisation ohne Auftreten von Stößen „eingefroren", erst durch die Stöße wird die Gleichverteilung wiederhergestellt. Das entspricht bei der translatorischen Bewegung der Diffusion, die eine räumliche Gleichverteilung anstrebt.

Um diese Vorgänge quantitativ zu formulieren, wird die Zahl der Dipole pro Volumeneinheit, die zur Zeit t in den Raumwinkel $d\Omega$ weisen,

$$F(\vartheta, t) \, \sin\vartheta \, d\vartheta \, d\varphi \ ,$$

eingeführt (vgl. Abschnitt 3.5.2). Ist

$$J(\vartheta) \, 2\pi \, \sin\vartheta$$

die Zahl der Dipole pro Volumeneinheit, die in der Zeiteinheit durch den „Breitengrad" ϑ hindurchtreten[*])(Bild 3.15), so gilt

$$J(\vartheta) = F(\vartheta, t)\,\tilde{\omega} - C\,\frac{\partial F(\vartheta, t)}{\partial\vartheta} \ .$$

Die „Stromdichte" $J(\vartheta)$ setzt sich aus einem Feldanteil (gegeben durch das Produkt von „Teilchendichte" und „Geschwindigkeit") und einem Diffusionsanteil (proportional dem Konzentrationsgradienten) zusammen. Setzt man hier den Ausdruck für die Winkelgeschwindigkeit ein, erhält man eine Gleichung zwi-

---

[*]) Dabei wird die Richtung, in der ϑ zunimmt, positiv gezählt.

schen $J(\vartheta)$, E und ϑ. Die noch offene Proportionalitätskonstante C kann man aus einer Spezialisierung auf den stationären Zustand gewinnen. Für $J(\vartheta) = 0$ erhält man als Lösung

$$F(\vartheta) = \text{const} \cdot \exp\left(\frac{p}{\zeta} \frac{E}{C} \cos\vartheta\right) .$$

Da die Verteilungsfunktion im stationären Zustand durch den Boltzmannfaktor gegeben sein muß, folgt $C = kT/\zeta$. Somit lautet die „Stromgleichung"[*])

$$J(\vartheta) = - \frac{F(\vartheta,t)}{\zeta} p E \sin\vartheta - \frac{kT}{\zeta} \frac{\partial F(\vartheta,t)}{\partial\vartheta} . \tag{3.55}$$

Weiterhin wird noch eine Kontinuitätsgleichung benötigt:

$$\sin\vartheta \frac{\partial F(\vartheta,t)}{\partial t} = - \frac{\partial}{\partial\vartheta}\Big(J(\vartheta) \sin\vartheta\Big) . \tag{3.56}$$

Diese Gleichung besagt, daß die zeitliche Änderung der Dichte an einer bestimmten Stelle ϑ gleich der Divergenz der Stromdichte ist.

Bei der Berechnung der Verteilungsfunktion F aus (3.55) und (3.56) berücksichtigt man zweckmäßigerweise, daß durch das Feld E nur eine geringe Abweichung von der Gleichverteilung hervorgerufen wird, so daß analog zu (3.50) der Ansatz

$$F(\vartheta,t) = \frac{N}{4\pi} \Big[1 + h(t) \cos\vartheta \Big] \quad , \quad h \ll 1$$

sinnvoll ist. Der Vorfaktor wurde dabei durch die Forderung bestimmt, daß die Integration von F über die Einheitskugel die Zahl der Dipole pro Volumeneinheit ergeben muß. Die Winkelabhängigkeit wurde ebenso gewählt wie im entsprechenden statischen Fall.

Einsetzen von (3.55) und (3.56) führt unter Vernachlässigung des Produktes $h E$ auf die Differentialgleichung

$$\frac{dh}{dt} = \frac{2 kT}{\zeta} (\frac{p E}{kT} - h) . \tag{3.57}$$

Die Polarisation in Feldrichtung, P_d, findet man definitions-

---

[*]) Man vergleiche dies mit der Gleichung für den Stromfluß in Halbleitern, wobei zu berücksichtigen ist, daß die Größen für translatorische Bewegung durch diejenigen für Rotationsbewegung zu ersetzen sind.

gemäß durch Aufsummieren über die Beiträge aller Dipole in der Volumeneinheit (vgl. (3.27)),

$$P_d(t) = p \, 2\pi \int_0^\pi \sin\vartheta \, d\vartheta \, F(\vartheta, t) \cos\vartheta = \frac{N \, p}{3} h(t) \, .$$

Multipliziert man (3.57) mit $N \, p/3$, erhält man (3.51) mit

$$\tau = \frac{\xi}{2 \, kT} \quad \text{und} \quad P_{do} = \frac{N \, p^2 \, E}{3 \, kT} \, . \tag{3.58}$$

Damit ist gezeigt, daß das untersuchte Modell in Übereinstimmung mit den Ergebnissen der statischen Rechnung auf die Debye - Gleichungen führt.

Das gewonnene Resultat ist qualitativ plausibel: je größer die „Reibungskonstante", desto größer die Einstellzeit. Zu einer ganz groben Abschätzung der Größenordnung kann man gelangen, wenn man den einzelnen Dipol als makroskopische Kugel auffaßt, die sich in einer zähen Flüssigkeit dreht. Dann gibt das „Stokesche Gesetz für Rotationsbewegung",

$$\xi = 8\pi\eta \, a^3 \, , \tag{3.59}$$

einen Zusammenhang an zwischen Reibungskonstante ξ, Molekülradius a und Viskosität η. Da die Viskosität exponentiell von der Temperatur abhängt,

$$\eta \sim \exp(\frac{const}{kT}) \, ,$$

sollte sich diese Abhängigkeit auch für die Relaxationszeit τ ergeben. Eine übertrieben große Genauigkeit darf man von dieser Überschlagsrechnung allerdings nicht erwarten.

3.5.3.3. Dipolare Festkörper

Während man annehmen darf, daß in Gasen und Flüssigkeiten die Dipole frei beweglich sind, ist dies in Festkörpern nicht mehr der Fall. Es werden sich vielmehr für die Dipole entsprechend dem Kristallbau einige stabile Lagen ergeben, weil der Dipol rein räumlich nur in diesen Richtungen in den Kristall „hineinpaßt". Wollte man den Dipol in eine Zwischenlage bringen, müßte eine hohe „Verformungsarbeit" aufgewendet werden. Das bedeutet, daß die einzelnen stabilen Lagen durch Potentialberge voneinander getrennt sind; die Dipole können nur zwischen den einzelnen stabilen Lagen hin- und herspringen. Für die

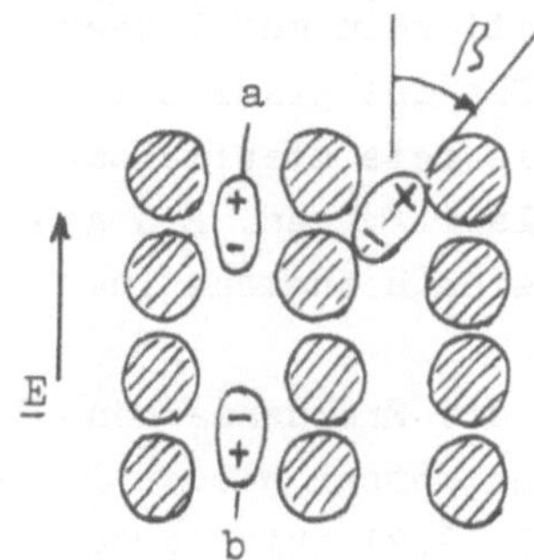

Bild 3.21. Modell eines Kristallgitters mit zwei stabilen Lagen a und b

folgende Diskussion soll der einfache Fall zugrunde gelegt werden, daß nur zwei stabile Lagen möglich sind, und zwar „Dipol in Feldrichtung" (Lage a) und „Dipol entgegen Feldrichtung" (Lage b) (Bild 3.21).

In Übungsaufgabe 10 war bereits gezeigt worden, daß sich mit diesem Modell dieselbe Temperaturabhängigkeit der statischen Dielektrizitätskonstanten ergibt wie im Fall frei beweglicher Dipole (erst bei sehr hohen Feldstärken und tiefen Temperaturen, wenn die lineare Näherung nicht mehr statthaft ist, sollten sich in den Kurvenformen geringe Unterschiede bemerkbar machen). Man kann also im allgemeinen aus Messungen der Temperaturabhängigkeit der Dielektrizitätskonstanten nicht entscheiden, ob die Dipole frei beweglich sind oder nur diskrete Lagen einnehmen können.

Es ist zu diskutieren, inwieweit das obige Modell auf die Verhältnisse im Festkörper angewendet werden darf. Bei hinreichend tiefen Temperaturen sind die Dipole „eingefroren", d.h. es fehlt eine Auflockerung des Gitters durch thermische Bewe-

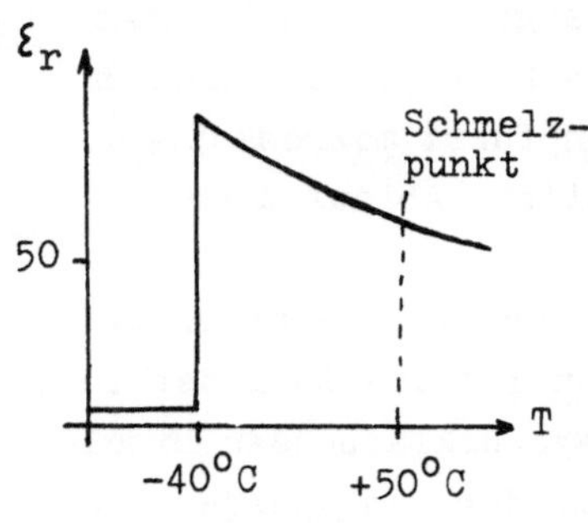

Bild 3.22. Dielektrizitätskonstante von Äthylen - Cyanid

gung; in diesem Temperaturbereich tritt nur elektronische und atomare Polarisierbarkeit auf. Bei höheren Temperaturen, auf jeden Fall am Schmelzpunkt, werden die Dipole beweglich, nun kann der oben beschriebene Mechanismus einsetzen; es ergibt sich ein sprunghafter Anstieg der Polarisation. Bei weiterer Temperaturerhöhung nimmt die Polarisation wieder ab entsprechend der Temperaturabhängigkeit der Dielektrizitätskonstanten. Bild 3.22 zeigt als Beispiel die Dielektrizitätskonstante von Äthylen - Cyanid ($N\,C\,H_2\,C - C\,H_2\,C\,N$) als Funk-

tion der Temperatur. Man findet das oben skizzierte Verhalten
qualitativ bestätigt. Beim Schmelzpunkt tritt kein merklicher
Sprung der Dielektrizitätskonstanten auf. Das ist plausibel,
da frei bewegliche Dipole (Schmelze) und diskrete stabile Lagen (Festkörper) zu demselben Funktionsverlauf führen. Ein ge-
ringfügiger Sprung am Schmelzpunkt ergibt sich höchstens infolge einer eventuellen Dichteänderung.

Es soll nun gezeigt werden, daß man für die Frequenzabhängigkeit der Orientierungspolarisation im Festkörper wieder
(3.51) erhält. Der Rechnung wird das in Bild 3.21 skizzierte
Modell zugrunde gelegt, wobei $\underline{E}$ die angedeutete Richtung haben
möge. Bild 3.23 zeigt qualitativ den Verlauf der potentiellen

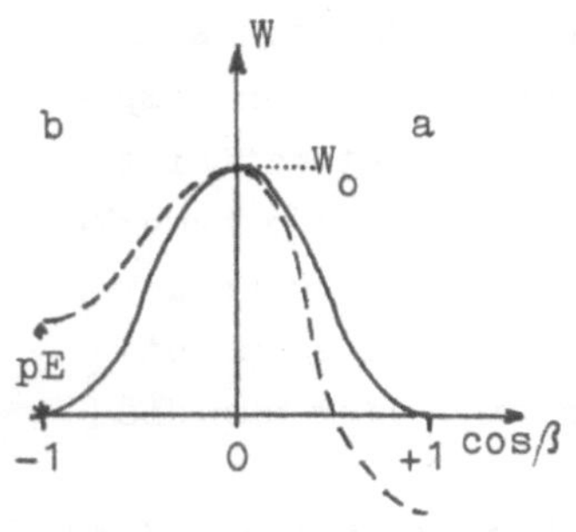

Bild 3.23. Potentielle
Dipolenergie in Abhän-
gigkeit vom Richtungs-
cosinus

Energie des Dipols in Abhängigkeit
vom Richtungskosinus $\cos\beta$. Zeigt
das Dipolmoment in Feldrichtung, ist
$\cos\beta = 1$; in der antiparallelen Lage
wird $\cos\beta = -1$. Die Höhe der Poten-
tialschwelle sei mit W_o bezeichnet.

Im feldfreien Fall sind die Lagen
a und b energetisch gleichwertig
(ausgezogene Kurve). Bei Anlegen ei-
nes Feldes $\underline{E}$ kommt zu dieser „Kri-
stallenergie" noch die Energie des
Dipols p im elektrischen Feld E hin-
zu; in a-Lage wird die Energie um p E abgesenkt, in b-Lage
um denselben Betrag erhöht (gestrichelte Kurve). Die dadurch
verursachte Umbesetzung der beiden Lagen führt makroskopisch
gesehen zu einer Polarisation. Der zeitliche Ablauf dieses
Vorganges ist zu diskutieren.

Es sei F_a bzw. F_b die Zahl der Dipole pro Volumeneinheit,
die sich in a- bzw. b-Lage befinden. Nun ist die Zahl der in
der Zeit dt aus der a-Lage in die b-Lage umklappenden Dipole
proportional der Zeit dt und proportional der Zahl derjenigen
Dipole in a-Lage, welche eine Energie größer als $(W_o + p E)$ haben, denn nur diese können die Energiebarriere überwinden. Unter Berücksichtigung des Boltzmann-Faktors ergibt sich für diese Zahl

$$K_a \, dt \, F_a \, \exp\left(- \frac{W_o + p\,E}{kT}\right) \; ;$$

dabei ist K_a eine Proportionalitätskonstante.

Die Zahl der in der Zeit dt aus der b-Lage in die a-Lage hineinklappenden Dipole ist entsprechend mit der Proportionalitätskonstanten K_b

$$K_b \, dt \, F_b \, \exp\left(- \frac{W_o - p\,E}{kT}\right) \; ,$$

so daß man für die zeitliche Änderung von F_a die Gleichung

$$\frac{dF_a}{dt} = - K_a \, F_a \, \exp\left(- \frac{W_o + p\,E}{kT}\right) + K_b \, F_b \, \exp\left(- \frac{W_o - p\,E}{kT}\right) \quad (3.60)$$

erhält. Weiter muß

$$F_a + F_b = N \qquad\qquad\qquad (3.60a)$$

sein.

Man kann eine der beiden Konstanten K_a, K_b dadurch eliminieren, daß man (3.60) auf den Spezialfall des thermodynamischen Gleichgewichtes

$$E = 0 \; ; \; F_a = F_b = N/2 \; ; \; \partial/\partial t = 0$$

anwendet. Es folgt, daß die beiden Konstanten gleich sein müssen, $K_a = K_b = K$.

Nun ist die resultierende Polarisation durch

$$P_d = p \, (F_a - F_b) = p \, (2F_a - N)$$

gegeben, wobei für die letzte Gleichung von (3.60a) Gebrauch gemacht wurde. Multipliziert man (3.60) mit $2\,p$ und berücksichtigt, daß $pE/kT \ll 1$ ist, eine Entwicklung der Exponentialfunktionen also nach dem ersten Glied abgebrochen werden kann, erhält man mit (3.60a) wieder die Gleichung (3.51), wenn man

$$\tau = \frac{1}{2K} \, \exp\left(\frac{W_o}{kT}\right) \qquad \text{und} \qquad P_{do} = \frac{N \, p^2 \, E}{kT} \qquad\qquad (3.61)$$

setzt. Der letzte Wert ist in Übereinstimmung mit der in Übungsaufgabe 10 untersuchten statischen Polarisation für diskrete Dipoleinstellungen. Die Relaxationszeit hängt exponentiell von der Temperatur ab; aus der experimentell bestimmten

Temperaturabhängigkeit kann man auf die Höhe W_o des Energie-
berges zwischen beiden stabilen Lagen schließen.

Das hier besprochene Modell gibt die Vorgänge in Realkri-
stallen qualitativ richtig wieder. Da die tatsächlich vorliegenden Verhältnisse jedoch komplizierter sind als es diesem
einfachen Modell entspricht, ist eine quantitative Übereinstimmung nicht zu erwarten. So treten normalerweise nicht nur
zwei stabile Lagen auf, außerdem wäre das lokale Feld und die
Existenz mehrerer Relaxationszeiten zu berücksichtigen; auf
diese Komplikationen soll jedoch nicht eingegangen werden.

3.6. Grenzflächenpolarisation

Bei der Grenzflächenpolarisation liegt ein völlig anderer
Mechanismus vor als in den bisher besprochenen Fällen. Dieser
Effekt ist im wesentlichen eine Fehlerquelle bei der experimentellen Bestimmung der Dielektrizitätskonstanten. Bei der Auswertung von Messungen ist man oft geneigt, stillschweigend homogene Verhältnisse vorauszusetzen, also Festkörper als Ein-
kristalle zu betrachten. Es soll gezeigt werden, daß in poly-
kristallinem Material Korngrenzeffekte zusammen mit einer Leitfähigkeit der Kristallite eine Orientierungspolarisation vor-
täuschen können.

Die Kristallite mögen eine reelle Dielektrizitätszahl ε_1
und eine Gleichstromleitfähigkeit σ besitzen, die Korngrenzen
dagegen nur eine reelle Dielektrizitätszahl ε_2. Alle diese
Größen seien frequenzunabhängig. Die hierdurch beschriebene
Substanz werde in einen Kondensator gebracht, um $\varepsilon(\omega)$ zu messen (Bild 3.24a). Zur Vereinfachung wird einer Rechnung das
Modell zugrunde gelegt, daß die Korngrenzen alle parallel zu
den Kondensatorplatten verlaufen (Bild 3.24b). Dabei wird die
Aufteilung so vorgenommen, daß das Verhältnis

$$\frac{\text{Volumen der Korngrenzen}}{\text{Volumen der Kristallite}} = \frac{q}{p}$$

erhalten bleibt. Man kann noch einen Schritt weitergehen und
alle Korngrenzen auf eine Seite des Kondensators zusammenzie-
hen (Bild 3.24c). Dieser letzte Schritt stellt keine zusätzliche Vernachlässigung dar, weil es auf die Reihenfolge der

Widerstände in einer Reihenschaltung nicht ankommt.

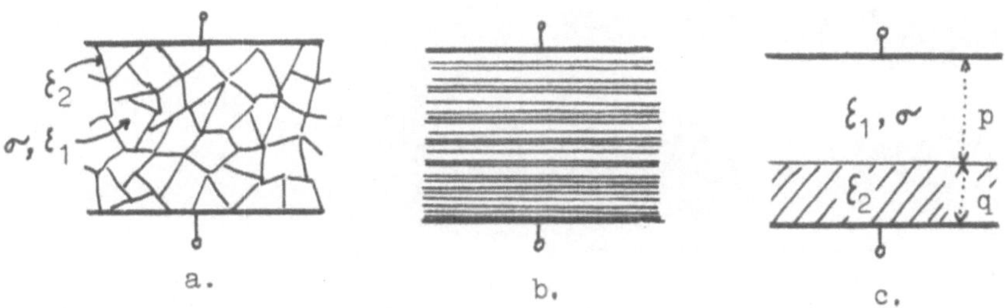

Bild 3.24. Modell zur Berechnung der Grenzflächenpolarisation, Erläuterungen im Text

Das so erhaltene Modell ist in Übungsaufgabe 16 zu untersuchen. Aus den Ergebnissen folgt, daß man durch Messung von $\varepsilon'(\omega)$ und $\varepsilon''(\omega)$ auch unter Berücksichtigung der Temperaturabhängigkeit nicht zwischen Grenzflächenpolarisation und Orientierungspolarisation unterscheiden kann.

3.7. Elektromechanische Effekte

Nach der Besprechung der grundlegenden Polarisationsmechanismen sollen nun einige mechanische Sekundäreffekte behandelt werden, die mit der Polarisation verbunden sind. Aus dieser Kopplung von elektrischen und mechanischen Eigenschaften ergibt sich eine Reihe von Anwendungsmöglichkeiten.

Zur ersten Orientierung sei das Modell einer Atomkette betrachtet, welche aus einer Reihe von „Elementarzellen" zusammengesetzt ist. Jede Elementarzelle besteht aus einem positiv geladenen Ion und zwei negativ geladenen Ionen, deren Ruhelagen durch „Federn" (Bindungskräfte) in einem Gleichgewichtsabstand x_o festgelegt werden; zwischen den einzelnen Elementarzellen sollen starre, beliebig kurze Verbindungen bestehen[*] (Bild 3.25).

____

[*]) Die Darstellung von Bindungskräften durch Federn mag zunächst ziemlich willkürlich erscheinen. Tatsächlich besteht aber ein engerer Zusammenhang als auf den ersten Blick zu vermuten ist. Die Gitterbausteine werden durch Bindungskräfte in Gleichgewichtslagen gehalten. Trägt man die Energie in Abhängigkeit vom Atomabstand auf, so muß diese Funktion an der Stelle der Gleichgewichtslage ein Minimum haben, da sich der Zustand mit der geringsten Energie einstellt. In der unmittelbaren Umgebung der Gleichgewichtslage verläuft die Energiekurve parabelförmig. Das ist dieselbe Form

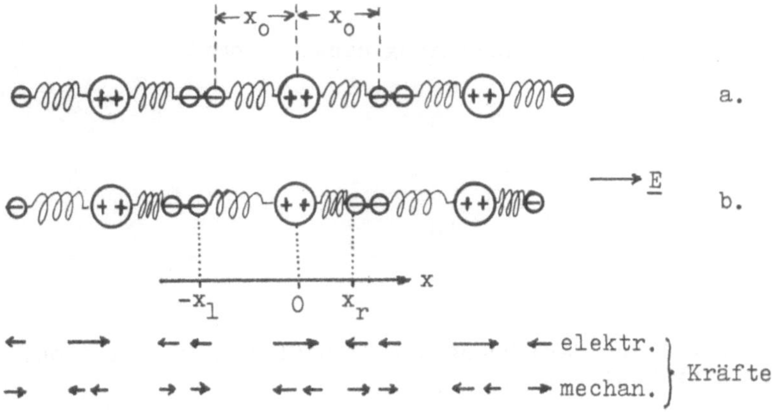

Bild 3.25. Lineare Atomkette als Modell für elektromechanische Effekte. a. kräftefrei, b. mit Feld

Zur Vereinfachung sei die elektrische Wechselwirkung der Dipole untereinander vernachlässigt, also $E_{loc} = E_m$ gesetzt.

Ohne Feld ist das Dipolmoment null, da der Schwerpunkt der negativen Ladungen in jeder Elementarzelle mit der positiven Ladung zusammenfällt.

Wird ein elektrisches Feld in der angedeuteten Richtung angelegt, so wird eine elektrische Kraft auf die Ionen ausgeübt. Diese Ionen sind elastisch an ihre Ruhelage gebunden, durch die elektrischen Kräfte erfahren sie eine Auslenkung; hierdurch entstehen elastische Gegenkräfte. Das neue Gleichgewicht ist erreicht, wenn sich bei jedem Gitterbaustein elektrische und mechanische Kräfte aufheben. Alle Elementarzellen werden gleichmäßig beansprucht, Oberflächeneffekte treten nicht auf. In jeder Elementarzelle wird die rechte Feder zusammengedrückt, die linke auseinandergezogen.

Bezeichnet man die Lage der linken bzw. rechten negativen Ladung mit x_1 bzw. x_r, so wird die relative Längenzunahme

$$s_1 = \frac{x_1 - x_o}{x_o} \quad \text{bzw.} \quad s_r = \frac{x_r - x_o}{x_o} \; . \tag{3.62}$$

des Energieverlaufs als Funktion des Ortes, die auch das Federmodell liefert. Hierin ist letzten Endes die Berechtigung zur Anwendung des einfachen mechanischen Modells zu sehen.

Zwischen der auf die Federn wirkenden Kraft $K_{l,r}$ und der relativen Längenänderung mögen die Beziehungen

$$s_l = \alpha_l K_l + \beta_l K_l^2 \quad \text{bzw.} \quad s_r = \alpha_r K_r + \beta_r K_r^2 \qquad (3.62a)$$

bestehen. Die Kraft $K_{l,r}$ wird positiv gezählt, wenn die betreffende Feder gedehnt wird.

Die relative Längenzunahme der Elementarzelle - und damit der gesamten Anordnung - ist dann durch

$$S = \frac{(x_l - x_o) + (x_r - x_o)}{2 x_o} = \frac{s_l + s_r}{2} \qquad (3.62b)$$

gegeben.

An diesem Modell sollen Elektrostriktion und Piezoelektrizität erläutert werden.

3.7.1. Elektrostriktion

Hier ist der Fall zu untersuchen, daß die einzelnen Elementarzellen symmetrisch aufgebaut sind, d.h., beide Federn haben dieselben Konstanten,

$$\alpha_l = \alpha_r \quad ; \quad \beta_l = \beta_r = \beta.$$

Die rechte Feder in Bild 3.25b wird zusammengedrückt, also ist hier $K_r = - q E < 0$. Die linke Feder wird gedehnt, in diesem Fall wird $K_l = q E > 0$. Setzt man (3.62a) in (3.62b) ein, so heben sich die in E linearen Glieder heraus, es wird

$$S = \beta (q E)^2 .$$

Je nach dem Vorzeichen von β ergibt sich Längenzu- oder -abnahme. Der Effekt ist unabhängig von der Richtung des elektrischen Feldes und an die Existenz nichtlinearer Federkonstanten gebunden. Die Erscheinung, daß mit der Polarisation elastische Verspannungen und damit Formänderungen entstehen, wird als Elektrostriktion bezeichnet.

Die Umkehrung dieses Effektes, durch mechanische Erzwingung einer Längenänderung, also durch Druck oder Zug, eine elektrische Polarisation zu erreichen, existiert nicht. Das kann man

bei der zugrunde gelegten Symmetrie sofort einsehen: Anwendung
eines Druckes auf die in Bild 3.25a gezeigte Federanordnung
bewirkt wegen der vorausgesetzten Symmetrie eine gleichmäßige
Abstandsverringerung; damit fallen die Ladungsschwerpunkte innerhalb jeder Elementarzelle nach wie vor zusammen.

3.7.2. Piezoelektrizität

Diese Verhältnisse ändern sich jedoch, wenn in der Elementarzelle keine Symmetrie vorhanden ist, die Federkonstanten
also verschieden sind,

$$\alpha_1 \neq \alpha_r \quad ; \quad \beta_1 \neq \beta_r \quad .$$

Für diesen Fall erhält man durch Einsetzen von (3.62a) in
(3.62b)

$$S = \frac{1}{2}\left[(\alpha_1 - \alpha_r)\, q\, E + (\beta_1 + \beta_r)(q\, E)^2\right] \quad .$$

Der in der Feldstärke quadratische Term beschreibt wieder die
Elektrostriktion und soll für die anschließende Diskussion
als klein gegenüber dem linearen Term vernachlässigt werden.
Dann ergibt sich aufgrund des ersten Termes je nach Richtung
des Feldes Längenzu- oder -abnahme.

Die Umkehrung dieses Effektes, die Erzeugung einer Polarisation durch Anwendung von mechanischen Kräften, ist ebenfalls
vorhanden („Piezoelektrizität"): der Schwerpunkt x der negativen Ionen einer Elementarzelle relativ zur positiven Ladung
ist mit (3.62), (3.62a) und $K_r = K_1 = K$ durch

$$x = \frac{x_r - x_1}{2} = \frac{x_o}{2}(s_r - s_1) = \frac{x_o}{2}\left[(\alpha_r - \alpha_1)\, K + (\beta_r - \beta_1)\, K^2\right]$$

gegeben. Vernachlässigt man den in der Kraft quadratischen
Term gegenüber dem linearen, so sieht man, daß durch Druck
(K < 0) und Zug (K > 0) entgegengesetzt gerichtete Dipolmo-
mente hervorgerufen werden.

Piezoelektrizität ist an die Existenz einer Unsymmetrie gebunden. Elektrostriktion überlagert sich der Piezoelektrizität.

3.7.3. Elektromechanische Kopplungsgleichungen

Im vorangegangenen war gezeigt, daß eine Längenänderung
nicht nur durch mechanische Einflüsse, sondern auch durch Anlegen eines elektrischen Feldes erzielt werden kann. Umgekehrt
ist eine Polarisation nicht nur durch ein elektrisches Feld,
sondern auch durch Anwendung mechanischer Kräfte zu erreichen.
Es besteht also eine Kopplung zwischen elektrischen und mechanischen Größen. Es ist nun zu untersuchen, welche Längenände-
rungen sich ergeben, wenn elektrisches Feld und mechanische
Kraft g l e i c h z e i t i g angewendet werden. Das oben besprochene Modell werde zugleich dahingehend erweitert, daß die
Flächendichte der Ketten n betrage möge; d.h., durch die Ein-
heitsfläche senkrecht zur Kettenachse gehen n Ketten.

Bezeichnet man die Spannung (Kraft pro Flächeneinheit) mit
$\check{T}$ ($\check{T} > 0$ entspricht Zug, $\check{T} < 0$ bedeutet Druck), so sind die
auf die einzelnen Federn wirkenden Kräfte

$$K_1 = q\,E + A\,\check{T} \quad ; \quad K_r = -q\,E + A\,\check{T} . \tag{3.63}$$

Damit ergibt sich aus (3.62a) und (3.62b) bei Vernachlässigung
der quadratischen Glieder mit $A = 1/n$

$$S = \frac{q}{2}(\alpha_1 - \alpha_r)\,E + \frac{\alpha_1 + \alpha_r}{2\,n}\,\check{T} . \tag{3.64}$$

Für den Schwerpunkt der negativen Ladungen erhält man aus
(3.62), (3.62a) und (3.63)

$$x = -\frac{x_0\,q}{2}(\alpha_r + \alpha_1)\,E + \frac{x_0}{2\,n}(\alpha_r - \alpha_1)\,\check{T} .$$

Da das Dipolmoment der einzelnen Elementarzelle
$$\overline{p} = -2\,q\,x$$
beträgt, ergibt sich für die Polarisation
$$P = N\overline{p} = \frac{n}{2\,x_0}\,\overline{p} = -\frac{n\,q}{x_0}\,x$$

und weiter für die Verschiebungsdichte $D = \varepsilon_0\,E + P$

$$D = \left[\varepsilon_0 + \frac{n q^2}{2}(\alpha_r + \alpha_1)\right] E + \frac{q}{2}(\alpha_1 - \alpha_r)\,\check{T} . \tag{3.64a}$$

Das Gleichungssystem (3.64) und (3.64a) stellt für das untersuchte Modell die elektromechanischen Kopplungsgleichungen dar. Es kann in der Form

$$S = \tilde{d}\, E + \frac{1}{c^{(E)}}\, \overset{\vee}{T} \qquad\qquad (3.65)$$

$$D = \varepsilon^{(\overset{\vee}{T})}\, E + \tilde{d}\, \overset{\vee}{T} \qquad\qquad (3.65a)$$

geschrieben werden. Dabei ist $c^{(E)}$ der Elastizitätsmodul für $E = 0$ und $\varepsilon^{(\overset{\vee}{T})}$ die Dielektrizitätskonstante für $\overset{\vee}{T} = 0$. Die Größe $\tilde{d}$ wird als elektromechanische Kopplungskonstante bezeichnet; für $\tilde{d} = 0$ entfällt die Kopplung zwischen elektrischen und mechanischen Parametern.

Für die folgende Diskussion werden diese Gleichungen in etwas anderer Form benötigt. Löst man (3.65) und (3.65a) nach E und $\overset{\vee}{T}$ auf, ergibt sich

$$E = \frac{1}{\varepsilon}\, D - h\, S \qquad\qquad (3.66)$$

$$\overset{\vee}{T} = -h\, D + c\, S \qquad\qquad (3.66a)$$

mit den Umrechnungsfaktoren

$$\varepsilon = \varepsilon^{(\overset{\vee}{T})} - \tilde{d}^2\, c^{(E)} \quad ; \quad c = c^{(E)}\, \frac{\varepsilon^{(\overset{\vee}{T})}}{\varepsilon} \quad ; \quad h = \frac{\tilde{d}\, c^{(E)}}{\varepsilon} \; . \quad (3.66b)$$

In dieser Darstellung ist h die elektromechanische Kopplungskonstante, ε die Dielektrizitätskonstante für $S = 0$ und c der Elastizitätsmodul für $D = 0$.

Das aus einem speziellen Modell entwickelte Gleichungssystem (3.66) und (3.66a) beschreibt das elektromechanische Verhalten. Diese Gleichungen gelten formal auch für Realkristalle, wenn man dort die Größen h, ε, c als experimentell zu bestimmende Parameter auffaßt.

Ein Anwendungsbeispiel ist in Bild 3.26 skizziert. An die Flächenkontakte einer Platte, die in x-Richtung Schwingungen ausführen kann, wird eine Wechselspannung angelegt; es ist zu untersuchen, wie die Schwingungen vom elektrischen Feld abhängen.

Um die Größe $S(x,t)$ zu bestimmen, ist die Bewegungsgleichung aufzustellen. Dazu wird ein differentielles Element der Platte während des Schwingvorganges betrachtet. Ein Volumenelement der

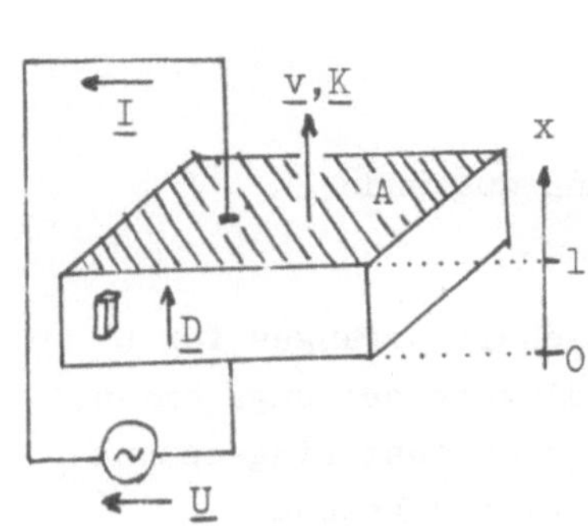

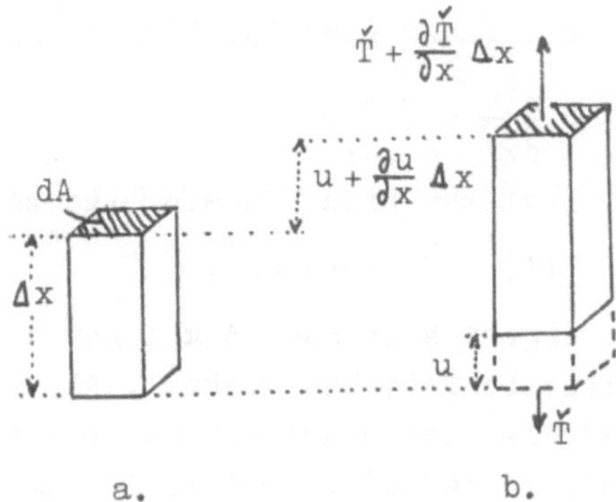

Bild 3.26. Piezoelektrische Platte, eindimensionales Modell

Bild 3.27. Zur Ableitung der Bewegungsgleichung, a. Gleichgewicht, b. verzerrt

Höhe Δx sei auf der unteren Seite um u, auf der oberen um

$$u + \frac{\partial u}{\partial x} \Delta x$$

aus der Gleichgewichtslage verschoben (Bild 3.27). Dann wirkt auf die untere Fläche die Spannung $\check{T}$, auf die obere die Spannung

$$\check{T} + \frac{\partial \check{T}}{\partial x} \Delta x$$

ein. Bezeichnet d A die Fläche des Volumenelementes, so ist die resultierende Kraft

$$K = \frac{\partial \check{T}}{\partial x} \Delta x \, dA \quad .$$

Diese Kraft hat eine Beschleunigung $\partial^2 u/\partial t^2$ des Volumenelementes zur Folge,

$$\frac{\partial \check{T}}{\partial x} \Delta x \, dA = \tilde{\varrho} \, dA \, \Delta x \, \frac{\partial^2 u}{\partial t^2} \quad \text{oder} \quad \frac{\partial \check{T}}{\partial x} = \tilde{\varrho} \, \frac{\partial^2 u}{\partial t^2} \quad , \tag{3.67}$$

wobei $\tilde{\varrho}$ die Dichte bedeutet. Um aus (3.67) eine Differentialgleichung für nur eine Unbekannte zu bekommen, ist (3.66a) heranzuziehen und zu berücksichtigen, daß nach Bild 3.27 die relative Längenänderung

$$S = \frac{\partial u}{\partial x} \tag{3.68}$$

ist. In dem eindimensionalen Modell tritt nur eine x - Abhängigkeit aller Größen auf, so daß aus div $\underline{D} = 0$

$$\frac{\partial D(x, t)}{\partial x} = 0$$

folgt. Damit geht (3.67) über in

$$c \frac{\partial^2 u}{\partial x^2} = \tilde{\varrho} \frac{\partial^2 u}{\partial t^2} .$$

Legt man eine sinusförmige Belastung zugrunde,

$$\underline{U}(t) = \hat{\underline{U}} \exp(j\omega t) ,$$

so ergibt sich nach Abklingen des Einschaltvorganges für u
dieselbe Zeitabhängigkeit. Als Randbedingung sei angenommen,
daß die Platte auf der Unterseite bei $x = 0$ fest eingespannt
ist, so daß $u(0,t) = 0$ wird. Damit lautet die Lösung

$$\underline{u}(x,t) = \hat{\underline{u}} \sin \tilde{k}x \exp(j\omega t) ,$$

wobei $\tilde{k}$ und ω durch die Gleichung

$$\tilde{k} = \omega \sqrt{\frac{\tilde{\varrho}}{c}} \qquad (3.69)$$

verknüpft sind. Die Integrationskonstante $\hat{\underline{u}}$ läßt sich durch
die maximale Geschwindigkeit $\hat{\underline{v}}$ am oberen Plattenrand ausdrücken,

$$\hat{\underline{v}} = \left. \frac{\partial \underline{u}}{\partial t} \right|_{x=l,\, \exp(j\omega t)=1} = j\omega \hat{\underline{u}} \sin \tilde{k}l ,$$

so daß sich die Lösung in der Form

$$\underline{u}(x,t) = \frac{\hat{\underline{v}}}{j\omega \sin \tilde{k}l} \sin \tilde{k}x \exp(j\omega t) \qquad (3.70)$$

schreiben läßt. Mit (3.68) ist damit auch der in (3.66) und
(3.66a) auftretende Term $S(x,t)$ bekannt.

Die in diesen Gleichungen enthaltenen Größen D und E sollen durch die experimentell unmittelbar zugänglichen Parameter
I und U (Bild 3.26) ersetzt werden.

Aus der ersten Maxwellschen
Gleichung (2.1) folgt

$$\mathrm{div}\left(\frac{\partial \underline{D}}{\partial t} + \underline{J}\right) = 0 ,$$

so daß sich nach Anwendung des
Gaußschen Satzes auf die Plattenoberfläche (Bild 3.28)

$$\underline{I} = A \frac{\partial \underline{D}}{\partial t} = j\omega A \underline{D} \qquad (3.71)$$

ergibt.

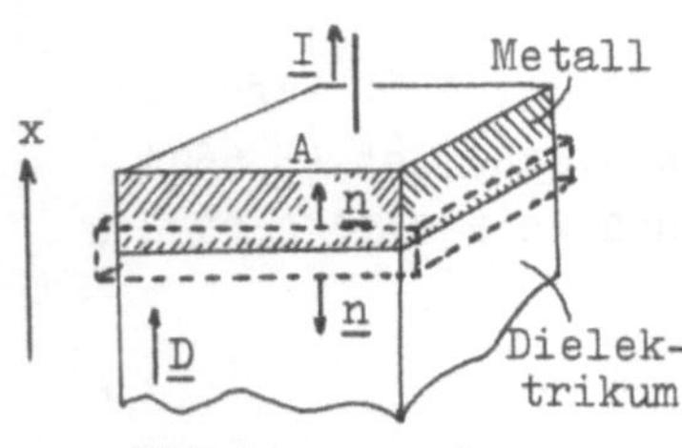

$\underline{n}$ = Flächennormale

Bild 3.28. Zur Anwendung
des Gaußschen Satzes auf
die Plattenoberfläche

Da die Spannung das Linienintegral der Feldstärke ist, geht (3.66) nach Integration über x unter Berücksichtigung von (3.71) in

$$\underline{U} = \frac{1}{j\omega C_0} \underline{I} - h \int_0^1 dx \, \underline{S} \tag{3.72}$$

über. Hier ist

$$C_0 = \frac{\varepsilon A}{1} \tag{3.72a}$$

die Kapazität der in Bild 3.26 gezeigten Anordnung. Für verschwindenden Kopplungskoeffizienten h ist (3.72) die Strom-Spannungsbeziehung für kapazitive Last. Drückt man mit Hilfe von (3.68) und (3.70) die in (3.72) auftretende Größe $\underline{S}$ durch $\underline{v} = \hat{\underline{v}} \exp(j\omega t)$ aus, ergibt sich

$$\underline{U} = \frac{1}{j\omega C_0} \underline{I} - \frac{h}{j\omega} \underline{v} \ . \tag{3.73}$$

Multipliziert man (3.66a) mit der Plattenfläche, erhält man für die auf die Oberfläche bei $x = 1$ wirkende Kraft mit (3.68), (3.70) und (3.71) die Beziehung

$$\underline{K} = - \frac{h}{j\omega} \underline{I} + \frac{1}{j\omega C_1} \underline{v} \quad \text{mit} \quad C_1 = \frac{\tan(\tilde{k}1)}{c A \tilde{k}} \ . \tag{3.74}$$

Die Gleichungen (3.73) und (3.74) stellen die Ausgangsgleichungen für die Berechnung und Dimensionierung von Bauelementen auf elektromechanischer Grundlage dar. Sie sind formal ebenso aufgebaut wie die Vierpolgleichungen der Elektrotechnik:

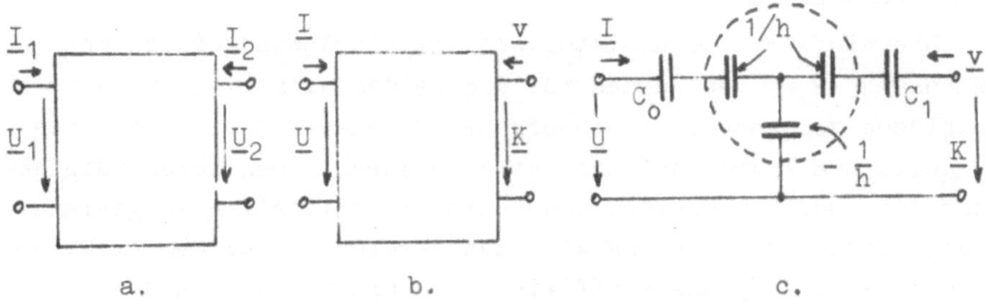

Bild 3.29. Vierpol-Ersatzschaltbild für elektromechanische Kopplung, a. elektrischer Vierpol, b. elektromechanischer Vierpol, c. Ersatzschaltung gemäß (3.73) und (3.74)

dort werden beispielsweise die Spannungen U_1, U_2 als lineare
Funktionen der Ströme I_1, I_2 dargestellt (Bild 3.29a),

$$\underline{U}_1 = z_{11}\,\underline{I}_1 + z_{12}\,\underline{I}_2$$
$$\underline{U}_2 = z_{21}\,\underline{I}_1 + z_{22}\,\underline{I}_2 \; .$$

In entsprechender Weise kann man auch die Gleichungen (3.73)
und (3.74) lesen, wenn man $\underline{v}$ als Strom und $\underline{K}$ als Spannung auffaßt (Bild 3.29b); allerdings sind hier die Ausgangsgrößen
nicht elektrischer Natur, sondern mechanische Parameter.

Mit dieser Festlegung kann man die Gleichungen (3.73) und
(3.74) durch die in Bild 3.29c wiedergegebene Ersatzschaltung
darstellen. Der gestrichelte Kreis kennzeichnet die Kopplung
zwischen elektrischen und mechanischen Größen. Es treten hierbei negative und auch frequenzabhängige Schaltungselemente auf,
so daß bei einer Diskussion der Frequenzabhängigkeit besondere
Vorsicht angebracht ist.

Damit sind die elektromechanischen Kopplungsgleichungen in
der dem Elektroingenieur vertrauten Sprache der Ersatzschaltbilder ausgedrückt.

Für praktische Anwendungen von Vierpolgleichungen und Er-
satzschaltungen muß allerdings das hier diskutierte eindimensionale Modell auf den dreidimensionalen Fall erweitert werden. Das bedeutet, daß die Koeffizienten der Vierpolmatrizen
nicht mehr Skalare, sondern Tensoren sind. Für eine eingehen-
dere Behandlung sei auf die Literatur [14] verwiesen.

3.7.4. Anwendungen

Die einfachste und historisch älteste Anwendung ist der
R e s o n a t o r : es werden nur die beiden elektrischen Anschlüsse verwendet; Übungsaufgabe 17 behandelt ein einfaches
Modell. Die Anordnung zeichnet sich durch einen hohen Gütefaktor aus. Durch Schneiden von Quarz - Einkristallen in geeigne-
ter Kristallorientierung kann man erreichen, daß der elektromechanische Kopplungskoeffizient temperaturunabhängig wird.

Die Möglichkeit, elektrische und mechanische Schwingungen
ineinander umzuwandeln, wird bei der Anwendung als W a n d l e r
(Transducer) ausgenutzt. In diesem Fall hat die Anordnung zwei
elektrische und zwei mechanische Anschlüsse. Bei den Ultra-
schallschwingern (Quarz, Keramik) wird elektrische Energie in

mechanische umgesetzt, die Umwandlung in der umgekehrten Richtung findet hauptsächlich Anwendung zum Nachweis kleiner mechanischer Schwingungen (Mikrophon, Tonabnehmer).

Bei der Anwendung als U m f o r m e r (Transformer) sind zwei Kristalle mit den mechanischen Anschlüssen zusammengekoppelt, so daß als Ein- und Ausgang nur elektrische Anschlüsse auftreten. Bild 3.30a zeigt das Prinzip. Durch Anlegen einer Spannung an den Eingang wird der linke Kristall zu Schwingungen erregt, die sich bei mechanischer Anpassung der beiden Segmente auf den rechten Kristall übertragen. Dort werden die mechanischen Schwingungen wieder in elektrische umgewandelt, die am Ausgang abgegriffen werden können. Haben Polarisation und Schwingung dieselbe Richtung, spricht man vom Ringtyp. Stehen auf der Eingangsseite Polarisation und Schwingung senkrecht aufeinander (Bild 3.30b), liegt der transversale Typ vor.

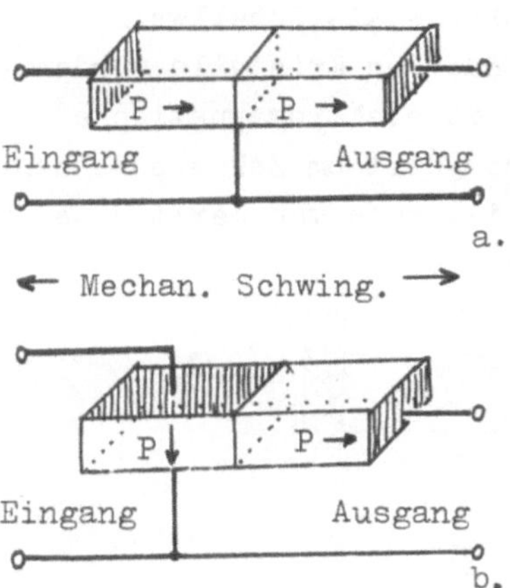

Bild 3.30. Piezoelektrischer Umformer,
a. Ringtyp
b. transversaler Typ

Bei diesen Umformern sind Eingangs- und Ausgangswiderstand groß, so daß sie sich hauptsächlich für hohe Spannungen und kleine Ströme eignen. Beim t r a n s v e r s a l e n Typ kann die Spannungsverstärkung durch die Dimensionierung der Probe bestimmt werden, beim Ringtyp ist sie lediglich durch mechanischen Gütefaktor und elektromechanischen Kopplungskoeffizienten gegeben. Man verwendet daher vorzugsweise den transversalen Typ. Als typische Werte für Titan‑Keramik seien genannt: bei 14 kHz Spannungsverstärkung von 30, Wirkungsgrad 50%; Leistungen in der Größenordnung einiger Watt.

Das F i l t e r stellt eine andere Anwendungsmöglichkeit dar. Der Aufbau entspricht formal den in Bild 3.30 gezeigten Anordnungen. Das elektrische Ersatzschaltbild des Filters in der Umgebung der Resonanzstelle ist in Bild 3.31 dargestellt. Die Größen der Schaltungselemente hängen von Material- und Dimensionierungsparametern ab. Auch die Filter zeichnen sich durch

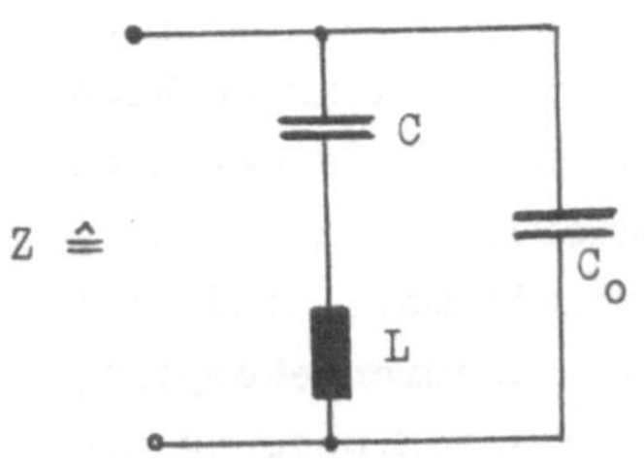

Bild 3.31. Ersatz-
schaltbild eines pie-
zoelektrischen Filters

hohe Gütefaktoren aus.

Eine weitere Anwendungsmöglichkeit ist die Verzögerungsleitung.
Eine elektromagnetische Schwingung
wird zunächst mit Hilfe eines piezo-
elektrischen Wandlers in eine mechanische Schwingung (Ultraschall) um-
geformt. Die Schwingung läuft eine
bestimmte Strecke als Schallwelle
weiter. Am Ende des Kristalls werden
diese mechanischen Schwingungen wieder in elektromagnetische
zurückgewandelt. Da die Schallgeschwindigkeit um Zehnerpotenzen
kleiner ist als die Lichtgeschwindigkeit, kann man damit eine
Verzögerung erzielen (Bild 3.32).

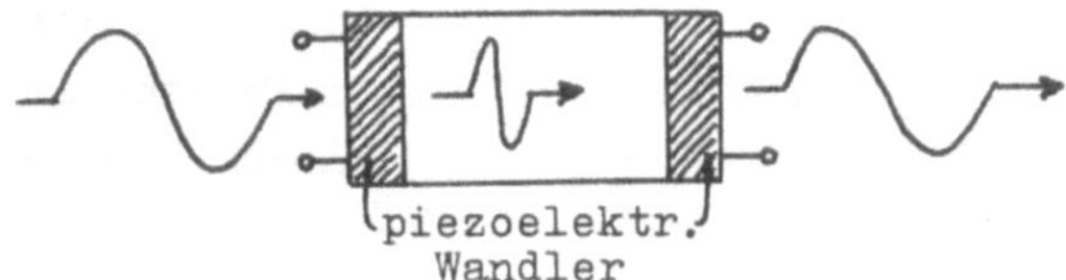

Bild 3.32. Verzögerungsleitung

3.8. Ferroelektrika

Bisher wurden solche Fälle behandelt, in denen das Auftreten
einer Polarisation in irgendeiner Form an die Existenz eines
äußeren elektrischen Feldes gebunden war. Daneben kann aber
auch ohne Anlegen von Feldern eine Polarisation auftreten. In
Analogie zu den Verhältnissen beim Magnetismus, wo das Auftreten einer „spontanen" Magnetisierung als Ferromagnetismus bezeichnet wird, nennt man die entsprechenden Erscheinungen bei
Dielektrika „Ferroelektrizität", obwohl dieser Effekt nichts
mit Eisen zu tun hat.

3.8.1. Prinzip

Im atomaren Bild wurde das Auftreten einer spontanen Polarisation in Aufgabe 19 an einem Beispiel plausibel gemacht: das
einzelne Molekül wird in dem lokalen Feld, das von den anderen
Dipolen herrührt, polarisiert (Verzerrungspolarisation). In der
makroskopischen Beschreibungsweise äußert sich dies in einem
Unendlichwerden der Dielektrizitätskonstanten, denn eine endli-

che Polarisation ist für $E_m = 0$ nur möglich, wenn $\varepsilon \to \infty$ geht ("Mossotti - Katastrophe"): in (3.37) wird ε_r unendlich, wenn die Konzentration den Wert

$$N = \frac{3\varepsilon_0}{\alpha} \qquad (3.75)$$

erreicht. Damit hat man sowohl in der makroskopischen Beschreibungsweise als auch im atomaren Bild das Auftreten einer spontanen Polarisation plausibel gemacht.

3.8.2. Spontane Polarisation und Suszeptibilität

Man kann bereits mit dem einfachen Modell der in Abschnitt 3.4.1 behandelten linearen Atomkette die Temperaturabhängigkeit der dielektrischen Eigenschaften qualitativ richtig beschreiben, wenn man stark vereinfachend annimmt, daß die Temperaturabhängigkeit der Gitterkonstanten der entscheidende Faktor ist. Zu diesem Zweck wird der Zusammenhang (3.28) zwischen Dipolmoment p und lokalem Feld E_{loc} durch

$$p = \alpha E_{loc} - \nu E_{loc}^3 \qquad (3.76)$$

ersetzt. In diesem Ansatz wird berücksichtigt, daß der lineare Zusammenhang nicht für beliebig große Felder gilt. Da der Betrag des Dipolmomentes nur vom Betrag des Feldes, nicht von der Richtung abhängen soll, muß in der Reihenentwicklung das quadratische Glied fehlen. Das Vorzeichen wurde so gewählt, daß die Bindung "steifer" wird ($\nu > 0$).

Setzt man die für $E_m = 0$ mit der Kürzung

$$\beta = \frac{1}{2{,}61\,\varepsilon_0\,a^3} \qquad (3.77)$$

aus (3.30) folgende Beziehung $E_{loc} = \beta p$ in (3.76) ein, erhält man

$$p_s = \alpha\beta p_s - \nu\beta^3 p_s^3 \ ,$$

wobei lediglich p durch p_s ersetzt wurde, um anzudeuten, daß es sich um ein spontanes Dipolmoment handelt, das zu einer spontanen Polarisation $P_s = N p_s$ führt. Diese Gleichung liefert für $p_s \neq 0$

$$p_s^2 = \frac{\alpha\beta - 1}{\nu\beta^3} \ , \qquad (3.78)$$

also $\alpha\beta > 1$ als Bedingung für spontane Polarisation.

Nun sei vorausgesetzt, wie oben bereits angedeutet, daß die Gitterkonstante a die entscheidende Temperaturabhängigkeit liefert,

$$a(T) = a(T_c) + \frac{da}{dT}\Big|_{T_c} (T - T_c) + \ldots \quad \left[\frac{da}{dT} > 0\right] \quad ;$$

hier wurde nur das erste Glied einer Taylorentwicklung um eine geeignet gewählte Temperatur T_c berücksichtigt. Entsprechend gilt für die Größe β, die nach (3.77) eine Funktion von a ist,

$$\beta(T) = \beta(T_c) + \frac{d\beta}{dT}\Big|_{T_c} (T - T_c) + \ldots \quad \left[\frac{d\beta}{dT} < 0\right] . \tag{3.79}$$

T_c wird nun so gewählt, daß $\alpha\beta(T_c) = 1$ wird. Nach (3.78) verschwindet also bei der Temperatur T_c die spontane Polarisation. Damit geht bei Vernachlässigung höherer Potenzen von $(T - T_c)$ die Gleichung (3.78) über in

$$p_s^2 = K_1(T_c - T) \quad \text{mit} \quad K_1 = - \frac{\alpha}{\nu\beta^3(T_c)} \frac{d\beta}{dT}\Big|_{T_c} > 0 \quad , \tag{3.80}$$

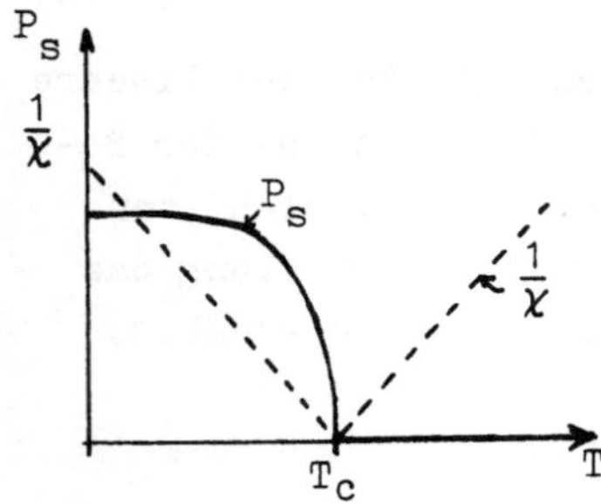

Bild 3.33. Spontane Polarisation P$_s$ und reziproke Suszeptibilität $1/\chi$ als Funktion der Temperatur

wobei die in der Konstanten K_1 zusammengefaßten Glieder praktisch temperaturunabhängig sein sollten. Die Temperatur T_c, oberhalb welcher keine spontane Polarisation auftritt, wird als C u r i e - Temperatur bezeichnet.

Die durch (3.80) gegebene Temperaturabhängigkeit stimmt qualitativ mit dem experimentell gefundenen Verhalten überein (Bild 3.33).

Für eine Diskussion der Suszeptibilität oberhalb der Curie-Temperatur ist zu berücksichtigen, daß in diesem Bereich keine spontane Polarisation auftritt, so daß das Dipolmoment wieder als lineare Funktion des lokalen Feldes angesetzt werden darf, es gilt wieder (3.33); diese Gleichung soll in der Form

$$\frac{1}{\chi} = \frac{1}{\varepsilon_r - 1} = \frac{\varepsilon_0}{\alpha N} (1 - \alpha\beta)$$

geschrieben werden. Führt man hier den Ansatz (3.79) ein, ergibt sich

$$\frac{1}{\chi} = K_2(T - T_c) \quad \text{mit} \quad K_2 = -\left.\frac{\varepsilon_0}{N}\frac{d\beta}{dT}\right|_{T_c} > 0 \; . \tag{3.81}$$

Auch diese Temperaturabhängigkeit (Bild 3.33) ist in qualitativer Übereinstimmung mit dem Experiment[*]).

Schließlich ist noch zu untersuchen, wie sich die Ferroelektrika unterhalb des Curiepunktes bei Anlegen eines Feldes verhalten. Da bereits ohne äußeres Feld E_m die spontane Polarisation P_s vorhanden ist, wird die aus (3.22) und (3.23) folgende Definition der Suszeptibilität $P = \chi \varepsilon_0 E_m$ verallgemeinert:

$$P - P_s = \chi \varepsilon_0 E_m \; . \tag{3.82}$$

Damit ist für diesen Fall das durch das Feld E_m zusätzlich hervorgerufene Dipolmoment $\Delta p = p - p_s$ zu ermitteln.

Setzt man den aus (3.30) folgenden Ausdruck $E_{loc} = E_m + \beta p$ in (3.76) ein und berücksichtigt nur die in E_m linearen Glieder, ergibt sich

$$p(1 - \alpha\beta + \nu\beta^3 p^2) = (\alpha - 3\nu\beta^2 p^2) E_m \; .$$

Setzt man weiter

$$p = p_s + \Delta p \quad \text{mit} \quad |\Delta p| \ll p_s$$

und vernachlässigt außerdem Produkte der Form $\Delta p \, E_m$, folgt hieraus mit (3.78)

$$\Delta p = \frac{3 - 2\alpha\beta}{2\beta(\alpha\beta - 1)} E_m \; .$$

Legt man zur Diskussion der Temperaturabhängigkeit wieder (3.79) zugrunde, wird mit (3.82)

$$\frac{1}{\chi} = \frac{\varepsilon_0 E_m}{N \Delta p} = K_3(T_c - T) \quad \text{mit} \quad K_3 = -\left.\frac{2\varepsilon_0}{N}\frac{d\beta}{dT}\right|_{T_c} > 0 \; . \tag{3.83}$$

In Bild 3.33 ist auch diese Beziehung eingetragen, die ebenfalls den experimentell gefundenen Verlauf in etwa wiedergibt.

Damit beschreibt das verwendete Modell das Verhalten der Ferroelektrika im gesamten Temperaturbereich qualitativ richtig. Eine quantitative Übereinstimmung ist bei diesem groben Näherungsverfahren nicht zu erwarten. Insbesondere machen sich

[*]) Man vergleiche dies mit der Temperaturabhängigkeit (3.49a) für Orientierungspolarisation.

Phasenumwandlungen, die zu einer sprunghaften Änderung der Gitterkonstanten führen, in einem Sprung der dielektrischen Eigenschaften bemerkbar.

Es sei noch darauf hingewiesen, daß spontane Polarisation
nur bei V e r z e r r u n g s mechanismen auftritt. In der (3.37)
entsprechenden Gleichung (3.49) für Orientierungspolarisation
bleibt die Dielektrizitätskonstante stets endlich.

Es wird relativ häufig der Fehler gemacht, daß die Clausius - Mossotti - Gleichung (3.37) auf d i p o l a r e Substanzen
angewendet wird. Zu welchen Fehlschlüssen dies führen kann,
sei am Beispiel des Wassers demonstriert.

Nach (3.48) beträgt die Polarisierbarkeit einer dipolaren
Substanz $\alpha = p^2/(3kT)$. Da das Dipolmoment des Wassers
$p = 1,87$ Debye ist[*]) und

$$N = \frac{L\,\varrho}{M} = \frac{6 \cdot 10^{23}}{18} \ cm^{-3}$$

wird, findet man durch Einsetzen in (3.75), daß für $T \approx 1\,000\,^oK$
die Dielektrizitätskonstante unendlich wird. Aufgrund der vorangegangenen Diskussionen würde man hiernach zu dem Fehlschluß
kommen, daß Wasser und Eis ferroelektrisch sein müßten!

3.8.3. Polarisationskurve

Mißt man unterhalb des Curiepunktes D als Funktion von E_m
mit der in Bild 3.34 gezeigten Anordnung, findet man eine Hystereseschleife; die dielektrische Verschiebungsdichte ist nicht

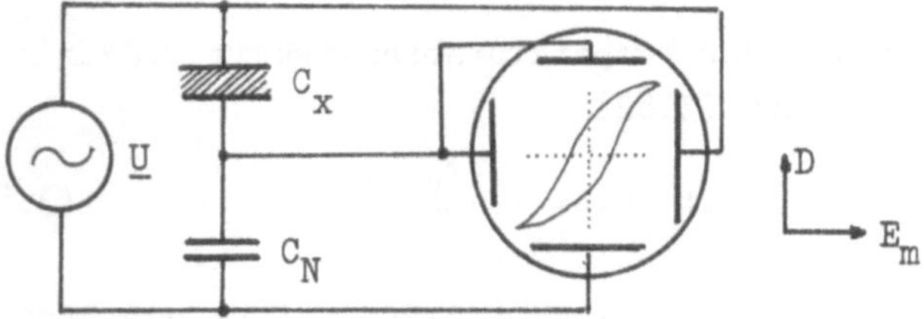

Bild 3.34. Anordnung zur Messung der Hystereseschleife

mehr eine eindeutige Funktion des von außen angelegten Feldes.
Durch graphische Subtraktion von $\varepsilon_o E_m$ kann man nach (3.24) aus
dieser Kurve $P(E_m)$ gewinnen (Bild 3.35). Da $\varepsilon_r \gg 1$ ist, sind

______

[*]) 1 Debye = $3,33 \cdot 10^{-28}$ A s cm.

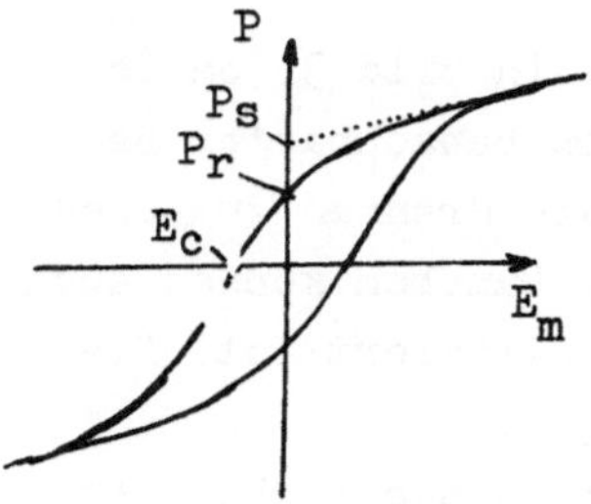

Bild 3.35. Zur Definition von spontaner Polarisation, Remanenz und Koerzitivfeldstärke

beide Kurven von derselben Gestalt. Der schwache lineare Anstieg bei hohen Feldstärken über die spontane Polarisation hinaus ist auf die durch das äußere Feld hervorgerufene Zusatzpolarisation zurückzuführen, vgl. (3.83). Man kann experimentell die spontane Polarisation P_s bestimmen, wenn man diesen geradlinigen Teil bis $E_m = 0$ extrapoliert. P_s kann in der Größenordnung von $10^{-5}\,\mathrm{A\,s/cm^2}$ liegen; nach (3.24) ruft ein elektrisches Feld von etwa 10^8 V/cm dieselbe dielektrische Verschiebungsdichte hervor.

Beim Abschalten des Feldes E_m geht die Polarisation nicht auf null zurück, es verbleibt die „Remanenz" P_r, die kleiner als die spontane Polarisation P_s ist. Um die Polarisation zum Verschwinden zu bringen, muß die „Koerzitivfeldstärke" E_c in entgegengesetzter Richtung angelegt werden; E_c kann in der Grössenordnung von 1 000 V/cm liegen.

Es soll das Zustandekommen dieser Kurve qualitativ diskutiert werden. Im vorangegangenen hatte sich gezeigt, daß unter geeigneten Bedingungen eine spontane Polarisation entstehen kann, die oft sehr empfindlich von der Gitterkonstanten (und von der Kristallstruktur) abhängt. In den meisten praktisch vorliegenden Fällen erstreckt sich diese einheitliche Polarisation nicht über den gesamten Festkörper, sondern nur über ein Teilgebiet („Domäne", „Weißscher Bereich"). In einem benachbarten Bereich liegt zwar auch wieder eine einheitliche Polarisation

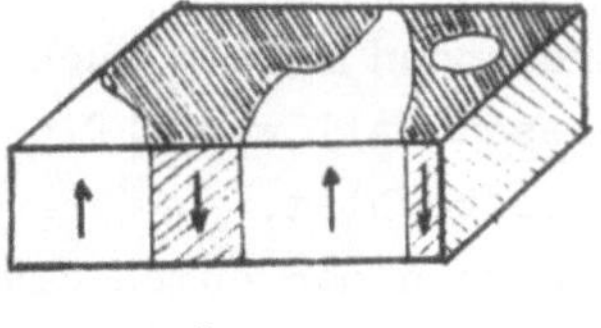

a.

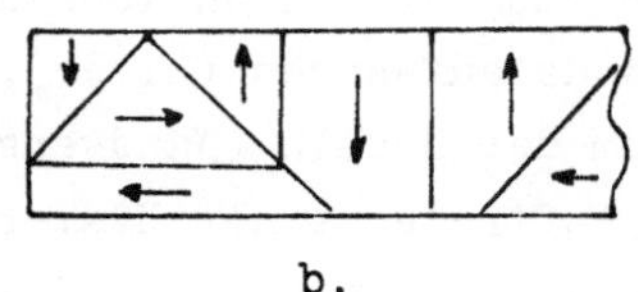

b.

Bild 3.36. Domänenstrukturen.
a. 180°-Wände,   b. 90- und 180°-Wände

vor, die jedoch eine andere Richtung hat. In Bild 3.36a ist
der Fall dargestellt, daß die Polarisation benachbarter Bereiche antiparallel ist; man bezeichnet die Grenzen zwischen
den einzelnen Bereichen als „180°-Wände". Daneben können auch
„90°-Wände" auftreten, wie in Bild 3.36b skizziert ist. Die
Dicke der Wände umfaßt nur wenige Atomlagen.

Im unpolarisierten Zustand sind die einzelnen Richtungen
statistisch besetzt, so daß sich makroskopisch gesehen im Mittel keine resultierende Polarisation ergibt. Bei Anlegen eines
elektrischen Feldes werden die energetisch ungünstigeren Bereiche dadurch verkleinert, daß in ihnen feine Nadeln in der
günstigeren Polarisationsrichtung wachsen; Bild 3.37 zeigt dies
für 180°-Wände. Bei Erhöhung des Feldes wachsen immer neue Nadeln, bis schließlich der energetisch ungünstige Bereich vollständig aufgefressen ist; so ist das allmähliche Ansteigen der
makroskopisch beobachteten Polarisation bis auf den Wert P_s zu
verstehen. Ein seitliches Wachsen der Nadeln („Wandverschiebung") findet nicht statt. Das ist für Anwendungen als In-
formationsspeicher von Bedeutung: man kann die einzelnen Speicherelemente in ein und demselben Kristall dicht nebeneinander
unterbringen (Abstand Bruchteile von mm).

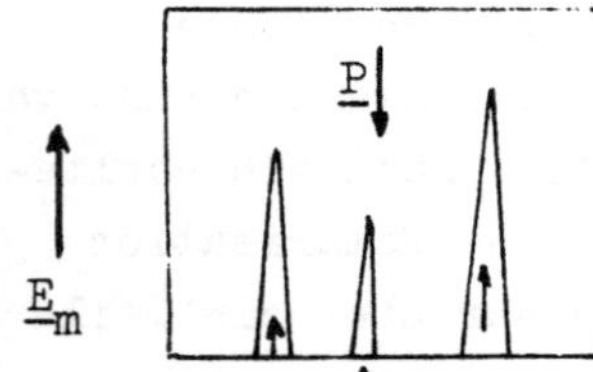

Bild 3.37. Wachstum von
Nadeln mit 180°-Wänden

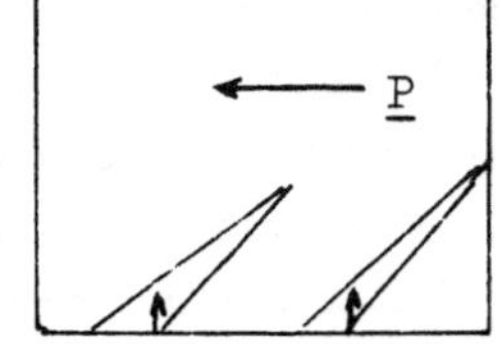

Bild 3.38. Wachstum von Nadeln
mit 90°-Wänden

Bei der Umpolarisation können die auftretenden Nadeln auch
90° - Wände aufweisen (Bild 3.38); in diesem Fall wurde Dicken-
wachstum der Nadeln (Wandverschiebung) beobachtet.

Das Auftreten einer Hystereseschleife kann man durch die Annahme plausibel machen, daß zur Bildung von Nadelkeimen eine
gewisse Energie, die „Keimbildungsenergie", erforderlich ist.
Auf weitere Einzelheiten soll jedoch nicht eingegangen werden.

3.8.4. Ferro-, Antiferro- und Ferrielektrika

Phänomenologisch teilt man die ferroelektrischen Materialien (im weiteren Sinne) nach ihrer Kristallstruktur und nach ihren Polarisationseigenschaften ein. Es gibt Substanzen, die nur in einer Achse ferroelektrische Eigenschaften zeigen (z.B. Rochelle-Salz, $NaK(C_4H_4O_6) \cdot 4H_2O$) und andere Substanzen, die in allen Kristallachsen, die unpolarisiert kristallografisch gleichwertig sind, ferroelektrisch sein können (z.B. $BaTiO_3$).

Kristalle, welche eine zu Ferroelektrika isomorphe Struktur haben, sind oft antiferroelektrisch; d.h., unterhalb eines Curiepunktes stellt sich ein Ordnungszustand ein, in welchem infolge des lokalen Feldes das einzelne Molekül a n t i parallel zu seinen Nachbarn polarisiert wird (z.B. $PbZrO_3$). Das Zustandekommen dieses Effektes ist anhand der Übungsaufgaben 19 und 20 zu diskutieren. Da diesen Substanzen keine besondere technische Bedeutung zukommt, mag dieser kurze Hinweis genügen.

Schließlich können auch Fälle auftreten, in welchen der Kristall in einer Richtung antiferroelektrisch und in einer anderen Richtung ferroelektrisch ist, z.B. $NaNbO_3$. Solche Substanzen werden manchmal als „ferrielektrisch" bezeichnet [13]. Daneben wird diese Bezeichnung auch auf den Fall antiparalleler Polarisation bei verschieden großen Dipolmomenten angewendet [1] in Analogie zu den magnetischen Werkstoffen, vgl. Abschnitt 4.7.

3.8.5. Dielektrische Verstärker

Eine der Anwendungsmöglichkeiten ferroelektrischer Werkstoffe besteht im Bau dielektrischer Verstärker. Bevor das Prinzip erläutert wird, seien einige allgemeine Bemerkungen über Verstärker vorausgeschickt.

Man kann einen Verstärker als einen Sechspol auffassen (Bild 3.39); dieser besitzt je zwei Anschlüsse für Eingang, Ausgang und Leistungsversorgung (power supply). Von Elektronenröhren und Transistoren ist man es gewohnt, daß die er-

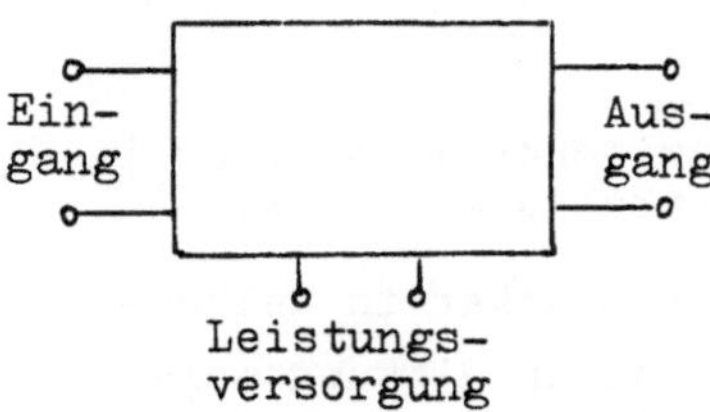

Bild 3.39. Prinzip eines Verstärkers

forderliche Leistung als Gleichstrom oder -spannung zugeführt
wird. Dies ist jedoch nicht prinzipiell notwendig, es können
auch Wechselspannungen oder Impulse verwendet werden. In dem
Fall erhält man durch die Steuerspannung des Einganges modulierte Wechselspannungen oder modulierte Impulse. Diese Möglichkeiten werden bei dielektrischen Verstärkern ausgenutzt.
Für das Folgende soll sinusförmige Wechselspannung oder sinus-
förmiger Wechselstrom als Energieversorgung zugrunde gelegt
werden.

Das Grundelement eines Verstärkers besteht aus einer steuerbaren Impedanz; bei der Elektronenröhre handelt es sich um
einen steuerbaren Widerstand, bei dielektrischen Verstärkern
um eine steuerbare Kapazität. Es gibt zwei Grundschaltungen für
diese Verstärker, nämlich einmal Reihenschaltung von steuerbarer Impedanz, Lastwiderstand und Versorgungsspannung und zum
andern Parallelschaltung von steuerbarer Impedanz, Lastwiderstand und Versorgungsstrom. Bild 3.40 zeigt diese Prinzipschal-
tungen.

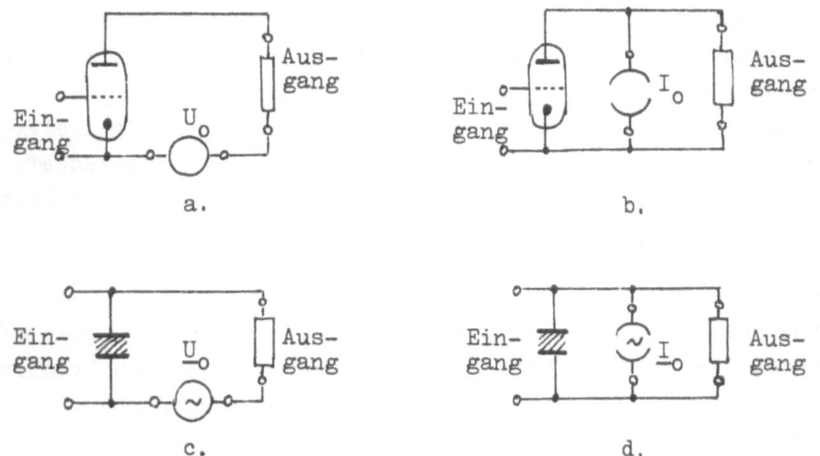

Bild 3.40. Röhrenverstärker bzw. dielektrischer Verstärker in
Reihenschaltung (a bzw. c) und Parallelschaltung (b bzw. d)

Im folgenden soll der dielektrische Verstärker in Reihenschaltung (Bild 3.40c) in seiner prinzipiellen Wirkungsweise
besprochen werden. Dazu wird die Steuerspannung U_{st} an den
Kondensator C gelegt (Bild 3.41). Um die Versorgungsspannung
U_0 vom Steuerkreis zu trennen, wurde die Drossel Dr eingeführt.

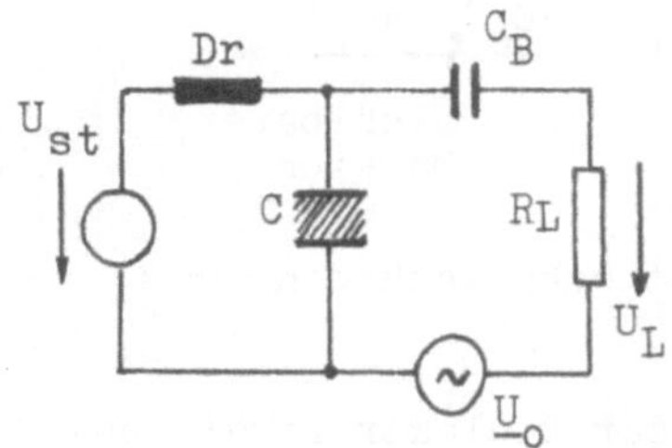

Bild 3.41. Prinzipschaltung eines dielektrischen Verstärkers

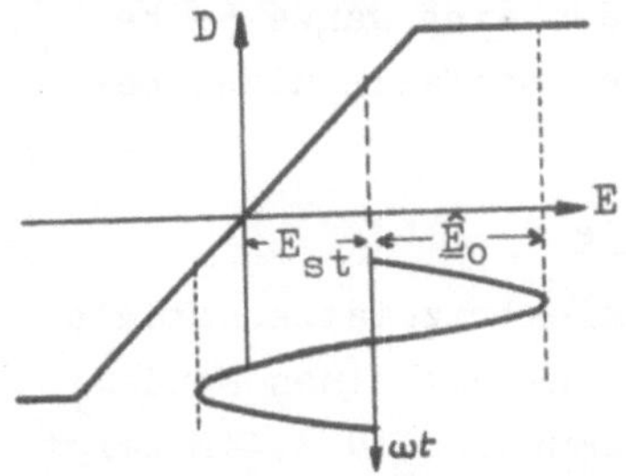

Bild 3.42. Schematisierte D(E)-Kurve des Ferroelektrikums

Der Blockkondensator C_B dient dazu, die Steuerspannung U_{st} vom Ausgang fernzuhalten.

Es soll diskutiert werden, wie sich eine Änderung der Steuerspannung auf den zeitlichen Mittelwert U_L des Spannungsabfalls am Lastwiderstand R_L auswirkt. Dazu kann auf Übungsaufgabe 23 zurückgegriffen werden, in welcher dieses Verstärkerprinzip in seiner einfachsten Form behandelt wurde. Dort war gezeigt, daß beim Durchlaufen der D(E)-Kurve (Bild 3.42) immer nur dann ein Spannungsabfall am Arbeitswiderstand R_L auftritt, wenn D sich zeitlich ändert, d.h. im wesentlichen nur in dem Bereich außerhalb der Sättigung. Wählt man die Steuerspannung U_{st} so, daß die Aussteuerung der Kapazität C durch $\underline{U}_0$ nur zum Teil den Sättigungsbereich überdeckt (Bild 3.42), so wird nur während der Zeit, in welcher der lineare Anstieg durchlaufen wird, ein Spannungsabfall an R_L auftreten. Durch Variation von U_{st} kann man diese Zeitdauer und damit den Mittelwert von U_L ändern.

Auf weitere Einzelheiten, insbesondere auf Vervollkommnung der Schaltung, soll nicht näher eingegangen werden.

3.9. Meßmethoden

Abschließend wird ein grober Überblick über die Meßmethoden gegeben, mit denen man die Dielektrizitätskonstante bestimmen kann. Da das zu überstreichende Gebiet von $\omega = 0$ bis zu den höchsten Frequenzen reicht, werden in den einzelnen Frequenzbereichen verschiedene Meßmethoden anzuwenden sein. Bild 3.43 zeigt dies schematisch.

Im folgenden können nur die Grundprinzipien der einzelnen Meßmethoden besprochen werden; alle Feinheiten, die zwar zur Erzielung von zuverlässigen Meßresultaten notwendig sind, aber

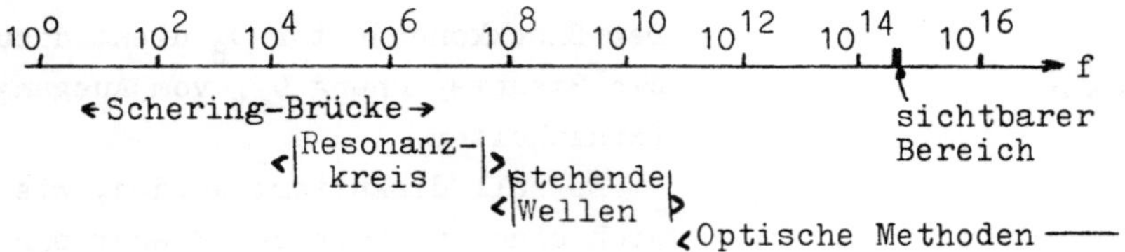

Bild 3.43. Meßmethoden zur Bestimmung der Dielektrizitätskonstanten, nach [11].

keine prinzipielle Bedeutung haben, bleiben unberücksichtigt. Daneben gibt es für die einzelnen Methoden eine ganze Reihe von verschiedenen Ausführungsformen, die ebenfalls nicht besprochen werden können.

3.9.1. Statische Dielektrizitätskonstante

Im einfachsten Fall läßt sich die Dielektrizitätskonstante aus der Entladezeit eines Kondensators bestimmen. Bild 3.44a zeigt das Schaltungsprinzip; es sind drei Messungen erforderlich:

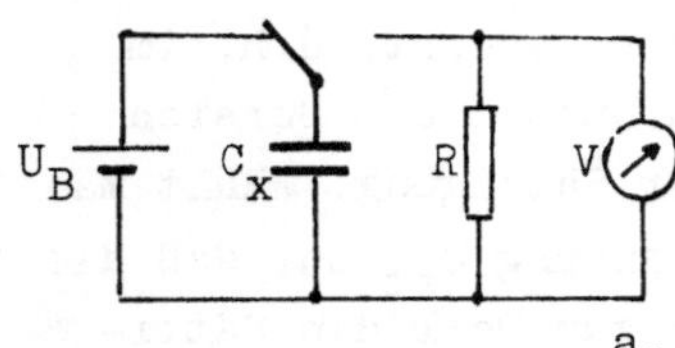

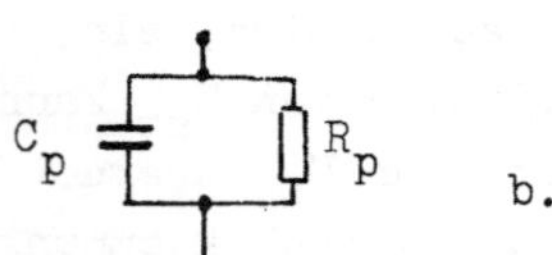

Bild 3.44. Bestimmung der Dielektrizitätskonstanten aus der Entladezeit,
a. Schaltungsprinzip
b. Ersatzschaltbild des Kondensators

1. Zunächst wird der Meßkondensator C_x ohne Dielektrikum auf die Spannung U_B aufgeladen und anschließend über den Widerstand R entladen (der Innenwiderstand des Meßinstrumentes V sei in R enthalten). Nach der Zeit t_1 möge die Spannung am Kondensator auf U_o abgesunken sein, dann gilt

$$U_o = U_B \exp\left(- \frac{t_1}{C_{vak}R}\right) .$$

Aus dieser Gleichung wird C_{vak} bestimmt.

2. Bringt man das verlustbehaftete Dielektrikum in den Kondensator und wiederholt die Messung, findet man, daß die Spannung U_o nach einer anderen Zeit t_2 erreicht wird,

$$U_o = U_B \exp\left(- \frac{t_2}{C_p R'}\right) .$$

Das ist darauf zurückzuführen, daß sich durch den Realteil
der Dielektrizitätskonstanten eine andere Kapazität C_p
(3.10) ergibt; zum anderen wurde aber durch die Verluste im
Dielektrikum der Widerstand im Kreis geändert, wie sich aus
Bild 3.44 ergibt:

$$\frac{1}{R'} = \frac{1}{R_p} + \frac{1}{R} \ .$$

Zur Bestimmung von R_p und C_p ist diese Messung daher noch
nicht ausreichend.

3. Man schaltet parallel zum Meßkondensator (mit Dielektrikum)
einen Normalkondensator C_N und wiederholt die unter 2. beschriebene Messung; man erhält analog

$$U_o = U_B \ \exp\left(- \frac{t_3}{(C_p + C_N) \, R'}\right) \ .$$

In der Übungsaufgabe 24 ist zu zeigen, daß man aus diesen
Messungen C_p und R_p ermitteln kann.

3.9.2. Schering – Brücke

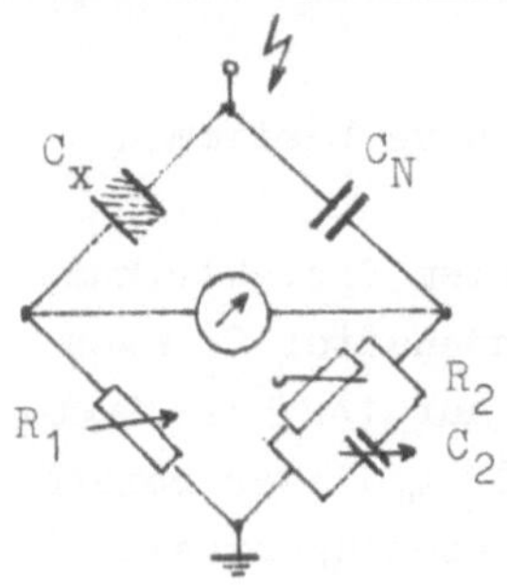

Bild 3.45. Schering –
Brücke

In Bild 3.45 ist das Prinzip
dieser Wechselstrombrücke skizziert,
wie es hauptsächlich in der Hoch-
spannungstechnik Anwendung findet.
Die Anordnung eignet sich besonders
zur Bestimmung des Verlustwinkels.
Da es sich hierbei um eine bekannte Brückenschaltung handelt, soll
auf weitere Einzelheiten nicht eingegangen werden.

3.9.3. Resonanzkreis

Das zu messende Dielektrikum wird in den Kondensator C_x
eines Schwingkreises gebracht, der lose[*]) an einen Generator
gekoppelt ist (Bild 3.46). Der Plattenabstand dieses Meßkon-
densators läßt sich mittels einer Mikrometerschraube variieren

---

[*]) „Lose Ankopplung" bedeutet, daß keine Rückwirkung des Sekun-
därkreises auf den Primärkreis vorhanden sein soll.

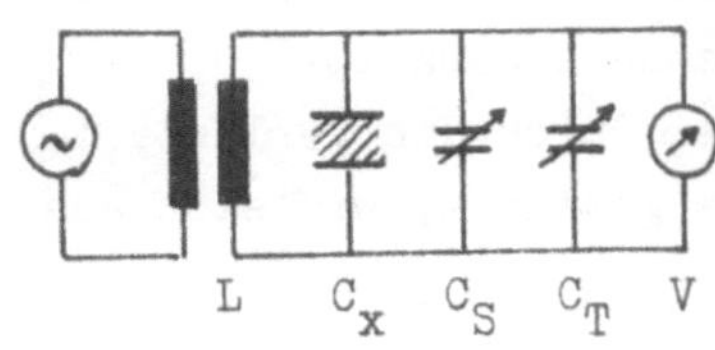

Bild 3.46. Resonanzkreismethode zur Bestimmung von ε' und ε''.

und messen. Daneben enthält der Schwingkreis einen Abstimmkondensator C_S und einen Trimmer C_T; die Spannung wird an dem hochohmigen Voltmeter V abgelesen. Der Generator arbeitet auf der fest vorgegebenen Meßfrequenz.

Zur Bestimmung von ε' sind zwei Messungen erforderlich:

1. In den Kondensator C_x wird das Dielektrikum eingebracht, der Plattenabstand d_1 gemessen und an der Mikrometerschraube abgelesen. Der Kreis wird mit Hilfe des Abstimmkondensators C_S auf Resonanz eingestellt (maximale Spannung am Voltmeter V).

2. Nun wird das Dielektrikum entfernt und der Plattenabstand von C_x mit der Mikrometerschraube solange variiert, bis sich wieder Resonanz eingestellt hat. Dieser Abstand d_2 wird ebenfalls abgelesen. C_x hat nun dieselbe Kapazität wie bei Messung 1.

Aus d_1 und d_2 kann ε' berechnet werden.

ε'' läßt sich aus der Breite der Resonanzkurve bestimmen. Dazu sind folgende Messungen erforderlich:

3. Nach Abstimmen des Kreises mit eingebrachtem Dielektrikum (s. Messung 1) verändert man den Trimmkondensator C_T nach jeder Richtung so weit, bis die Spannung auf $1/\sqrt{2}$ des Maximalwertes abgesunken ist. Die Differenz $\Delta_3\,C_T$ dieser beiden Werte stellt ein Maß für die Breite der Resonanzkurve dar.

Bei dieser Messung wurden jedoch die ohmschen Verluste der Spule und der endliche Innenwiderstand des Meßinstrumentes mitgemessen.

4. Um diese Fehlerquelle zu eliminieren, ist die unter 3 beschriebene Messung ohne Dielektrikum zu wiederholen; diese möge den Wert $\Delta_4\,C_T$ liefern.

Aus den beiden letzten Messungen läßt sich ε'' ermitteln. Die Übungsaufgabe 26 befaßt sich mit der expliziten Auswertung dieser Meßmethode.

3.9.4. Methode der stehenden Wellen

In dem Frequenzbereich, in welchem diese Meßmethode angewendet wird, liegen die Wellenlängen im Bereich von mm bis dm, also in einer „handlichen" Größenordnung. Zur Erläuterung des Meßprinzips sei der Fall betrachtet, daß eine ebene elektromagnetische Welle aus dem Vakuum (bzw. aus Luft) senkrecht auf ein verlustbehaftetes Dielektrikum sehr großer Dicke auffällt (Bild 3.47). Ein Teil dieser Welle wird reflektiert werden, so daß sich vor dem Dielektrikum stehende Wellen ausbilden. Aus der Messung der Intensitäts-

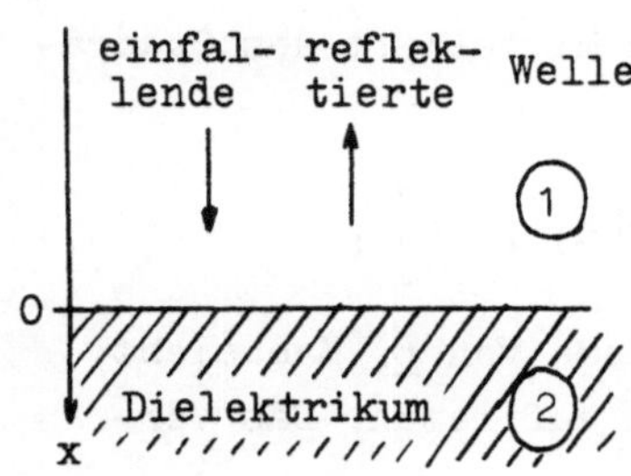

Bild 3.47. Reflexion am Dielektrikum

maxima und -minima sowie aus der Lage des ersten Minimums lassen sich ε' und ε'' bestimmen.

Zur mathematischen Beschreibung des Verfahrens sei ein Koordinatensystem so eingeführt, daß die einfallende Welle in $+x$ - Richtung fortschreitet und die Grenzfläche bei $x = 0$ liegt. Dann gilt für das elektrische Feld vor dem Dielektrikum, also für $x < 0$, die Beziehung

$$\underline{E}(x,t) = \underline{\hat{E}}\left[\exp(j\omega t - j\frac{2\pi x}{\lambda}) + r\exp(j\omega t + j\frac{2\pi x}{\lambda})\right] \; ; \quad (3.84)$$

dabei beschreibt der erste Term die einfallende, der zweite Term die reflektierte Welle. Der komplexe Reflexionskoeffizient r kann durch Betrag r_0 und Phase β dargestellt werden,

$$r = r_0 \exp(j\beta) \; .$$

r ist mit dem komplexen Wellenwiderstand

$$Z = \sqrt{\frac{\mu}{\varepsilon}} \qquad (3.85)$$

durch

$$r = \frac{Z_2 - Z_1}{Z_2 + Z_1} \qquad (3.86)$$

verknüpft. Hierbei ist Z_2 der Wellenwiderstand des Dielektrikums und

$$Z_1 = \sqrt{\frac{\mu_0}{\varepsilon_0}}$$

der Wellenwiderstand des Vakuums.

Da die elektrische Feldstärke sehr schnell ihr Vorzeichen wechselt, wird man zur Ausmessung des Wellenfeldes ein Instrument verwenden müssen, welches das Quadrat der Feldstärke anzeigt und natürlich zeitlich mittelt.

Bildet man aus (3.84) den zeitlichen Mittelwert des Quadrates der Feldstärke, erhält man

$$\overline{E^2(x)} = \frac{1}{2}\underline{E}\,\underline{E}^* = \frac{|\hat{\underline{E}}|^2}{2}\left[1 + 2\,r_o\cos(\beta + \frac{4\pi x}{\lambda}) + r_o^2\right] ; \qquad (3.87)$$

hierbei bedeutet $\underline{E}^*$ das Konjugiertkomplexe von $\underline{E}$. Man sieht, daß in dem Wellenfeld Minima und Maxima auftreten. Das Verhältnis

$$\sqrt{\frac{\overline{E^2_{max}}}{\overline{E^2_{min}}}} = \frac{1 + r_o}{1 - r_o} \qquad (3.88)$$

wird als „Welligkeitsfaktor" oder „Stehwellenverhältnis" bezeichnet (in der angelsächsischen Literatur „Voltage Standing Wave Ratio, V S W R").

Das erste Minimum vor dem Dielektrikum tritt dann auf, wenn das Argument des cos in (3.87) den Wert π annimmt, also bei

$$\beta = \pi\,(1 - \frac{4\,x_{min}}{\lambda}) . \qquad (3.89)$$

Man beachte, daß in der vorliegenden Bezeichnungsweise $x_{min} < 0$ ist, da es vor dem Dielektrikum liegt (Bild 3.47).

Aus (3.88) und (3.89) kann r nach Betrag und Phase bestimmt werden, so daß sich aus (3.86) der komplexe Wellenwiderstand und damit aus (3.85) Real- und Imaginärteil von ε ermitteln läßt.

Praktisch kann das Verfahren leider nicht in dieser Form durchgeführt werden, weil die Dielektrika nicht in so großen Dimensionen zur Verfügung stehen. Man muß den Einfluß einer endlichen Dicke auf das Reflexionsvermögen berücksichtigen, damit man mit dünneren Schichten arbeiten kann. Zum anderen ist die Fläche der zur Verfügung stehenden Proben in ihrer Ausdehnung nicht groß gegenüber der Wellenlänge, so daß man im

freien Raum nicht mit ebenen Wellen rechnen darf. Praktisch
führt man die Messung in Hohlleitern durch. Auf eine Diskussion
der sich hieran anschließenden Auswertetechnik sei jedoch bei
diesem Überblick verzichtet.

3.9.5. Optische Methoden

In dem Frequenzbereich, in welchem optische Methoden angewendet werden, ist die Wellenlänge so klein, daß man stehende
Wellen praktisch nicht mehr ausmessen kann. Man muß aus dem
Brechungsgesetz den Brechungsindex und aus Absorptionsmessun-
gen die Absorptionskonstante bestimmen. Bei sehr stark absor-
bierenden Werkstoffen ist man jedoch auf Reflexionsmessungen
alleine angewiesen. Hier ergibt sich die Möglichkeit, aus dem
Reflexionsvermögen und aus der Polarisation der reflektierten
Welle auf Brechungsindex und Absorptionskonstante zu schlies-
sen. Da dies rein optische Messungen sind, die wenigstens bis
vor kurzem außerhalb des Gebietes der Elektrotechnik lagen,
mag dieser Hinweis genügen.

4. Magnetische Eigenschaften

Wie bereits eingangs erwähnt, gestattet die Analogie zwischen dielektrischen und magnetischen Eigenschaften eine weitgehend ähnliche Aufteilung beider Stoffgebiete. Die Komplika-
tion, daß die grundlegenden magnetischen Eigenschaften exakterweise in weit größerem Umfang durch die Quantentheorie beschrieben werden müßten, sei nur am Rande erwähnt. Diese
Schwierigkeit wird dadurch umgangen, daß sich die folgenden
Diskussionen in diesem Sinne lediglich auf eine phänomenologi-
sche Beschreibung beschränken; Ergebnisse der Quantentheorie
werden - soweit erforderlich - ohne Ableitung als Tatsachen
angegeben. Das interessierende technische Verhalten der Werkstoffe wird anhand von klassischen Modellvorstellungen plausibel gemacht.

4.1. Grundlagen und Definitionen

In der Elektrostatik kann man als Ausgangspunkt für das
elektrische Feld die Ladung wählen; zur Messung eines Feldes
kann die Kraft herangezogen werden, die auf eine Ladung aus-

geübt wird. Da es keine magnetischen Ladungen gibt, muß man
sowohl für den Ursprung des Magnetfeldes als auch für seinen
Nachweis den magnetischen Dipol zugrunde legen. In Bild 4.1a
sind zwei Darstellungsmöglichkeiten
für einen Dipol skizziert.

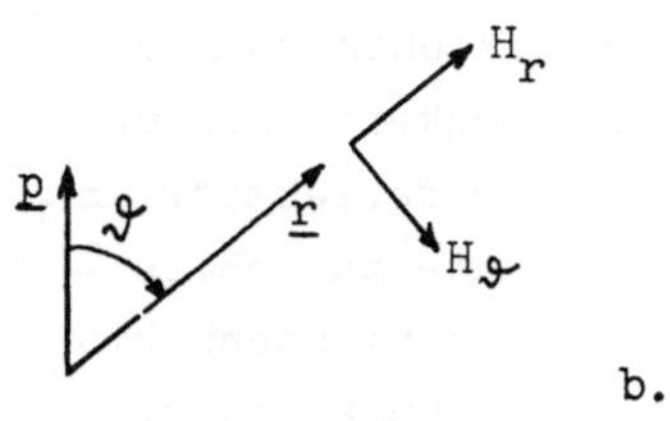

$$\underline{p} = \tilde{m}\,\underline{l} \qquad\qquad \underline{p} = I\,\underline{A} \qquad a.$$

Bild 4.1. Magnetischer
Dipol, a. Definitionen,
b. Dipolfeld

Einmal kann man den Dipol auffassen als bestehend aus zwei „magnetischen Ladungen" $+\tilde{m}$ und $-\tilde{m}$ im Abstand $\underline{l}$ in Analogie zum elektrischen Dipol, vgl. Bild 3.5; entsprechend (3.25) ist

$$\underline{p} = \tilde{m}\,\underline{l} \ . \tag{4.1}$$

Zum andern kann man das Dipolmoment definieren durch den elektrischen Ringstrom I, welcher die Fläche $\underline{A}$ umrandet (Betrag von $\underline{A}$ = umrandete Fläche, Richtung von $\underline{A}$ senkrecht zur Fläche, mit dem Strom I Rechtsschraube bildend). Das magnetische Moment des Ringstromes beträgt

$$\underline{p} = I\,\underline{A} \quad [\mathrm{A\ cm^2}] \ . \tag{4.2}$$

In (4.1) und (4.2) wären noch exakterweise die Grenzübergänge $\tilde{m} \to \infty,\ 1 \to 0$, aber $\tilde{m}\,1$ endlich bzw. $I \to \infty,\ A \to 0$, aber $I\,A$ endlich, durchzuführen.

Die Aussagen beider Modelle sind gleichwertig; auf einen allgemeinen Beweis sei verzichtet, in den Übungsaufgaben 27 bis 29 sind lediglich einige einfache Spezialfälle zu untersuchen. Das Modell des Ringstromes hat den Vorteil größerer Realität, das Modell mit magnetischen Ladungen gestattet dagegen eine einfachere rechnerische Handhabung; aus diesem Grunde soll das letztgenannte Modell nicht ganz außer Acht gelassen werden.

Das Magnetfeld eines Ringstromes bestimmt sich nach dem Biot - Savartschen Gesetz

$$\underline{H} = \frac{I}{4\pi} \int d\underline{s} \times \underline{r}\, \frac{1}{r^3} \tag{4.3}$$

zu (s. Bild 4.1b)

$$H_r = \frac{p}{2 \pi r^3} \cos \vartheta \qquad\qquad (4.3a)$$

$$H_\vartheta = \frac{p}{4 \pi r^3} \sin \vartheta , \qquad\qquad (4.3b)$$

wie ohne Ableitung angegeben sei.

Weiter ist das Verhalten eines Dipols $\underline{p}$ im Magnetfeld $\underline{H}$ zu diskutieren. Zunächst wird auf den Dipol ein Drehmoment

$$\tilde{\underline{T}} = \mu_0\, \underline{p} \times \underline{H} \qquad\qquad (4.4)$$

ausgeübt, vgl. (3.54). Legt man für das Dipolmoment die Darstellung mit magnetischen Ladungen zugrunde, sieht man, daß die Kraft auf die „Ladung" $\tilde{m}$ durch

$$\underline{K} = \mu_0\, \tilde{m}\,\underline{H} \qquad\qquad (4.5)$$

gegeben ist.

Außerdem erfährt ein Dipol in einem inhomogenen Magnetfeld eine translatorische Kraft. In Übungsaufgabe 29 ist zu zeigen, daß sich unter Verwendung von (4.5) für die i-Komponente (i = x, y, z) der Kraft

$$K_i = \mu_0 \left(p_x \frac{\partial H_i}{\partial x} + p_y \frac{\partial H_i}{\partial y} + p_z \frac{\partial H_i}{\partial z} \right) \qquad\qquad (4.6)$$

ergibt.

Damit sind die Voraussetzungen, auf denen im folgenden aufgebaut wird, im wesentlichen in den Übungsaufgaben selbständig zu erarbeiten.

Ebenso wie bei Dielektrika besteht die wesentliche Aufgabe auch bei magnetischen Werkstoffen darin, den Zusammenhang zwischen technischen Daten (makroskopischen Größen) und atomaren Parametern zu finden.

Primär werden nicht elementare Dipole beobachtet, sondern ausgedehnte magnetisierte Körper. Analog zu den Dielektrika (3.27) wird die Magnetisierung M eingeführt als die Summe aller magnetischen Momente der Volumeneinheit,

$$M = \frac{1}{V} \sum_{i=1}^{N'} p_i = N \bar{p} \; [A/cm] . \qquad\qquad (4.7)$$

Daneben wird auch eine „magnetische Polarisation" definiert,

$$\tilde{\underline{J}} = \mu_0 \underline{M} \ \left[V\,s\,/\,cm^2\right] .$$

Für die magnetische Induktion oder Kraftflußdichte B gilt

$$\underline{B} = \mu_0(\underline{H} + \underline{M}) = \mu_0 \underline{H} + \tilde{\underline{J}} . \tag{4.8}$$

Im einfachsten Fall ist die Magnetisierung proportional zur Feldstärke,

$$\underline{M} = \chi \underline{H} \tag{4.9}$$

die Proportionalitätskonstante χ ist die Suszeptibilität.

Weiter wird die Permeabilität μ durch

$$\underline{B} = \mu \underline{H} \tag{4.10}$$

eingeführt mit

$$\mu = \mu_0 \mu_r = \mu_0 (1 + \chi) . \tag{4.10a}$$

An dieser Stelle seien noch einige Energiebetrachtungen angeschlossen, auf welche später zurückgegriffen wird.

Die magnetische Wechselwirkungsenergie W_{Hp}, die in einem Dipol (mit dem f e s t e n Moment $\underline{p}_0$) im Magnetfeld $\underline{H}_0$ gespeichert ist, beträgt - bezogen auf den feldfreien Fall -

$$W_{Hp} = -\mu_0 \underline{p}_0 \underline{H}_0 \ ; \tag{4.11}$$

dementsprechend ist in einem Körper (mit der f e s t e n Magnetisierung $\underline{M}_0$), der sich im Magnetfeld $\underline{H}_0$ befindet, eine magnetische Wechselwirkungsenergie der Dichte

$$w_{HM} = -\mu_0 \underline{M}_0 \underline{H}_0 \tag{4.11a}$$

gespeichert.

Es sei daran erinnert, daß die Energie nur bis auf eine additive Konstante festgelegt ist. Die Gleichungen (4.11) und (4.11a) beschreiben die Energieänderung bei Drehung im Magnetfeld.

Hiervon zu unterscheiden ist die Dichte w_M der Magnetisierungsenergie; das ist diejenige Energie, die aufzuwenden ist, um die Magnetisierung $\underline{M}_0$ zu erzeugen.

Zur Ermittlung dieser Energie möge das folgende Gedankenexperiment dienen. Es soll die Arbeit berechnet werden, die erferderlich ist, ein magnetisierbares Molekül aus dem feldfrei-

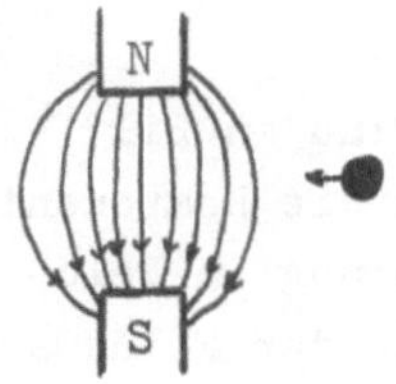

Bild 4.2. Zur Berech-
nung der Magnetisie-
rungsenergie

en Raum an eine Stelle mit der Feldstärke H_o zu bringen (Bild 4.2). Zu diesem Zweck wird zunächst die differentielle Energie dW_g bestimmt, die aufzuwenden ist, das Molekül im inhomogenen Feld um die Strecke $d\underline{r}$ zu verschieben,

$$dW_g = -\underline{K}\,d\underline{r}\;.$$

Berücksichtigt man, daß aus (2.1) für den vorliegenden Fall

$$\mathrm{rot}\,\underline{H} = 0\;,$$

also

$$\frac{\partial H_z}{\partial y} - \frac{\partial H_y}{\partial z} = \frac{\partial H_x}{\partial z} - \frac{\partial H_z}{\partial x} = \frac{\partial H_y}{\partial x} - \frac{\partial H_x}{\partial y} = 0 \tag{4.11b}$$

folgt, so ergibt sich mit (4.6)

$$dW_g = -\mu_o\left[p_x(d\underline{r}\;\mathrm{grad}\,H_x) + p_y(d\underline{r}\;\mathrm{grad}\,H_y) + p_z(d\underline{r}\;\mathrm{grad}\,H_z)\right]$$

$$dW_g = -\mu_o\,\underline{p}\,d\underline{H}\;.$$

Betrachtet man nicht einen einzelnen Dipol, sondern die gesamte Substanz, wird die entsprechende differentielle Änderung dw_g der Energiedichte

$$dw_g = -\mu_o\,\underline{M}\,d\underline{H}\;. \tag{4.12}$$

Integration von $\underline{H} = 0$ bis $\underline{H} = \underline{H}_o$ ergibt die dem Körper zugeführte Energiedichte

$$w_g = -\mu_o\int\limits_0^{\underline{H}_o}\underline{M}\,d\underline{H} \equiv -\mu_o\left[\int\limits_0^{H_{ox}}M_x\,dH_x + \int\limits_0^{H_{oy}}M_y\,dH_y + \int\limits_0^{H_{oz}}M_z\,dH_z\right]. \tag{4.12a}$$

Diese Energiedichte setzt sich zusammen aus der gesuchten Dichte w_M der Magnetisierungsenergie und aus der Dichte w_{HM} der Wechselwirkungsenergie,

$$w_g = w_M + w_{HM}\;.$$

Mit (4.11a) wird

$$w_M = \mu_0 \, \underline{M}_0 \, \underline{H}_0 - \mu_0 \int_0^{\underline{H}_0} \underline{M} \, d\underline{H} = \mu_0 \int_0^{\underline{M}_0} \underline{H} \, d\underline{M} \quad . \tag{4.13}$$

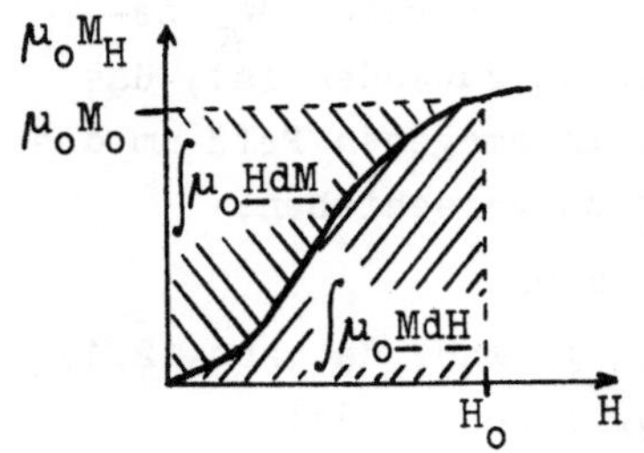

Bild 4.3. Zur Definition der magnetischen Energien

Diese Verhältnisse sind in Bild 4.3 skizziert. Trägt man die Komponente $\mu_0 M_H$ der Magnetisierung in Feldrichtung als Funktion der Feldstärke auf, kann man die in (4.13) auftretenden Energieanteile als Flächen veranschaulichen. Die Energiedichte (4.11a) ist durch das schraffierte Rechteck gegeben.

Damit ist im makroskopischen Bild die Magnetisierung in der bekannten Weise formal beschrieben. Es bleibt ebenso wie im Fall der Dielektrika die Aufgabe, einen Zusammenhang zwischen makroskopischen Größen und atomaren Daten zu finden. Bei den Dielektrika trat die Schwierigkeit auf, daß das lokale Feld E_{loc} am Ort eines Atoms merklich verschieden sein konnte von dem makroskopischen Feld E_m. Es hatte sich gezeigt, daß diese Korrektur immer dann zu vernachlässigen ist, wenn ε_r nur wenig von 1 abweicht. Nun unterscheiden sich dielektrische und magnetische Werkstoffe dadurch, daß $\varepsilon_r \gg 1$ sein kann, μ_r dagegen nur wenig von 1 verschieden ist - abgesehen natürlich von ferromagnetischen Substanzen, die ebenso wie die Ferroelektrika gesondert behandelt werden müssen. Genauer gesagt, χ liegt im Bereich $|\chi| \lesssim 10^{-3}$. Das bedeutet, daß man auf die Einführung eines lokalen Feldes verzichten kann; ferner bedeutet dies für Anwendungen, daß man in den meisten praktischen Fällen - außer bei Ferromagnetika - näherungsweise $\mu_r = 1$ setzen darf.

Es ist damit lediglich noch die Entstehung der Dipolmomente im atomaren Bild zu deuten. Zu diesem Zweck ist das Modell des Ringstromes heranzuziehen. Bereits von Ampère wurde die Vorstellung geäußert, daß innerhalb eines Atomes widerstandslose Ringströme fließen, die für die Dipolmomente verantwortlich sind. Diese Annahme wurde durch das Bohrsche Atommodell präzisiert, nach welchem im einfachsten Fall Elektronen den positiv geladenen Kern auf stationären Kreisbahnen umlaufen.

Aus diesem Modell kann ein quantitativer Ausdruck für das magnetische Moment, soweit es durch ein umlaufendes Elektron hervorgerufen wird, abgeleitet werden.

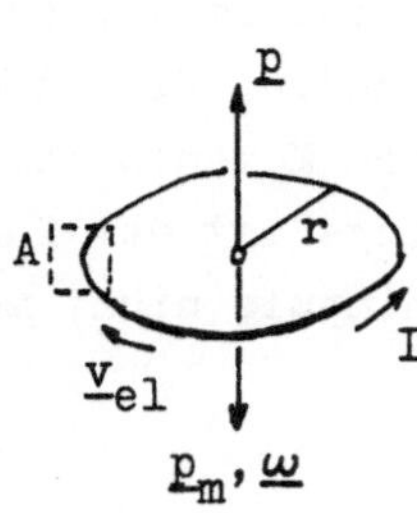

Bild 4.4. Zusammenhang zwischen magnetischem Moment und Drehimpuls. $\underline{v}_{el}$ = Geschwindigkeit des Elektrons

Der Strom I ist definiert als die pro Zeiteinheit durch den Querschnitt A fließende Ladungsmenge, also für ein umlaufendes Elektron (Bild 4.4)

$$I = \frac{q}{\tau_0} \; ,$$

wobei $\tau_0 = 2\pi/\omega$ die Umlaufzeit bedeutet. Bezeichnet man mit r den Radius der kreisförmigen Bahn, ist hiermit ein magnetisches Moment

$$\underline{p} = -\pi r^2 \frac{q}{2\pi} \, \underline{\omega} \tag{4.14}$$

verbunden. Andererseits ist der Drehimpuls $\underline{p}_m$ eines umlaufenden Punktes der Masse m durch

$$\underline{p}_m = m \, r^2 \underline{\omega} \tag{4.14a}$$

gegeben, so daß man für den Zusammenhang zwischen magnetischem Moment $\underline{p}$ und Drehimpuls $\underline{p}_m$ den Ausdruck

$$\underline{p} = - \frac{q}{2\,m} \, \underline{p}_m \quad \text{(für Bahnmoment)} \tag{4.14b}$$

erhält. Diese Formel gilt ebenfalls für Ellipsenbahnen.

An dieser Stelle muß von einem Ergebnis der Atomphysik Gebrauch gemacht werden, daß nämlich der Betrag des Drehimpulses stets ein ganzzahliges Vielfaches von $\hbar$ ist ($\hbar$ = Plancksches Wirkungsquantum, dividiert durch 2π),

$$p_m = n\hbar \, , \quad n = 1, 2, 3, \ldots, \tag{4.15}$$

so daß das magnetische Moment ein ganzzahliges Vielfaches von

$$\mu_B = \frac{q\,\hbar}{2\,m} = 9{,}27 \cdot 10^{-20} \; A \, cm^2 \tag{4.16}$$

sein sollte. Diese Größe, die man als Bohrsches Magneton bezeichnet, stellt damit die natürliche Einheit des magnetischen Moments dar.

Nun kommt ein magnetisches Moment nicht nur durch den Umlauf eines Elektrons um den Kern zustande, sondern außerdem auch durch den Elektronen s p i n : Im klassischen Modell kann man den Elektronenspin durch eine Rotation des Elektrons um seine Achse plausibel machen; faßt man das Elektron als endlich ausgedehnte Kugel auf, ist mit dieser Rotation ebenfalls eine umlaufende Ladung und damit ein magnetisches Moment verbunden. Die Atomphysik zeigt, daß die Größe dieses magnetischen Moments ebenfalls ein Bohrsches Magneton beträgt. Allerdings ist der Zusammenhang zwischen magnetischem Moment und Drehimpuls nicht mehr durch (4.14b), sondern durch

$$\underline{p} = -\frac{q}{m}\,\underline{p}_m \qquad \text{(für Spinmoment)}$$

gegeben. Man berücksichtigt dies formal dadurch, daß man

$$\underline{p} = -\Gamma\underline{p}_m \qquad\qquad (4.17)$$

schreibt, wobei das „gyromagnetische Verhältnis" durch

$$\Gamma = \frac{q}{2\,m}\,g \qquad\qquad (4.18)$$

definiert ist; der „Landésche g – Faktor" ist dann für Bahnmomente gleich 1, für Spinmomente gleich 2 zu setzen.

Das magnetische Moment des ganzen Atoms entsteht durch vektorielle Überlagerung aller Bahn- und Spinmomente unter Berücksichtigung der verschiedenen g – Faktoren. Auf Einzelheiten, die nur mit Hilfe der Quantentheorie diskutiert werden könnten, wird hier verzichtet.

4.2. Einteilung der Werkstoffe

Man kann die magnetischen Werkstoffe nach ihrem makroskopischen Verhalten folgendermaßen einteilen:

1. χ ist unabhängig von H.
   a. $\chi < 0$: diamagnetische Stoffe
   b. $\chi > 0$: paramagnetische Stoffe

Da in dieser Gruppe größenordnungsmäßig $|\chi| < 10^{-3}$ ist, kann man $\mu_r \approx 1$ setzen. Damit kommt diesen Stoffen im allgemeinen nur untergeordnete technische Bedeutung zu, sie brauchen nur kurz behandelt zu werden.

Diese vom makroskopischen Standpunkt erfolgte Klassifizierung deckt sich mit einer Einteilungsmöglichkeit, die

vom atomaren Bild ausgeht. Hat das einzelne Molekül bereits
ohne Anlegen eines Magnetfeldes ein Dipolmoment („permanentes" Moment), liegt Paramagnetismus vor; wird dagegen durch
das Magnetfeld erst ein Moment im Molekül induziert, ist
die Substanz diamagnetisch.

2. Zwischen X und H besteht ein komplizierter Zusammenhang, allgemein ist X keine eindeutige Funktion von H, der Wert hängt
vielmehr von der Vorgeschichte ab. In diese Stoffgruppe fallen

   a. Ferromagnetika

   b. Antiferromagnetika

   c. Ferrimagnetika.

Auf die Merkmale dieser Gruppen soll erst später eingegangen werden, hier mag eine formale Zusammenstellung genügen.

In den folgenden Abschnitten werden die einzelnen Effekte
besprochen, wobei auf die ferromagnetischen Erscheinungen wegen ihrer technischen Bedeutung besonderer Wert gelegt wird.

4.3. Diamagnetismus

Ein einfaches Modell eines diamagnetischen Atoms ist in Bild 4.5
dargestellt; die magnetischen Momente der beiden Elektronen mögen sich
gerade aufheben. Es soll gezeigt
werden, daß das einzelne Elektron
bei Anlegen eines Magnetfeldes eine
Präzessionsbewegung mit der Kreisfrequenz ω_L ausführt (Bild 4.6),
ganz analog zu der Präzessionsbewegung eines Kreisels im Schwerefeld
der Erde. Ein Kreisel mit dem Drehimpuls $\underline{p}_m$, auf welchen ein Drehmoment $\widetilde{\underline{T}}$ ausgeübt wird, vollführt eine
Präzessionsbewegung mit der Winkel-
geschwindigkeit ω_L,

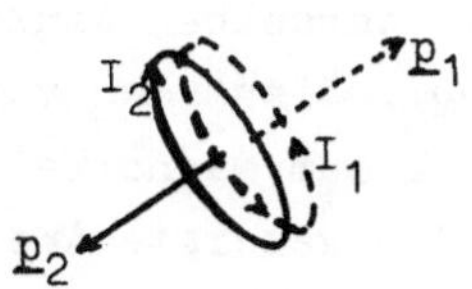

Bild 4.5. Kompensation
der magnetischen Momen-
te zweier Elektronen

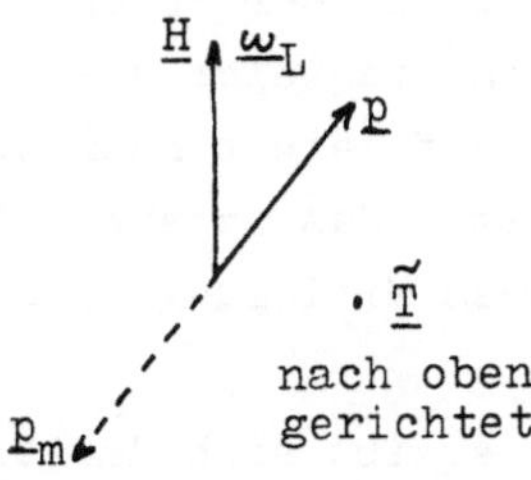

Bild 4.6. Zur Larmor-
Präzession

$$\widetilde{\underline{T}} = \underline{\omega}_L \times \underline{p}_m \, . \tag{4.19}$$

Im vorliegenden Fall rührt dieses Drehmoment von der Ein-
wirkung des Magnetfeldes $\underline{H}$ auf das magnetische Moment $\underline{p}$ her,
vgl. (4.4). Mit (4.17) ergibt sich aus (4.19) die Beziehung

$$\underline{\omega}_L \times \underline{p}_m = \mu_0 \, \underline{p} \times \underline{H} = \Gamma \mu_0 \, \underline{H} \times \underline{p}_m \; . \tag{4.20}$$

Als nächstes ist zu zeigen, daß $\underline{\omega}_L$ die Richtung von $\underline{H}$ hat[*]).
Man geht davon aus, daß die zeitliche Änderung $\dot{\underline{p}}_m$ des Drehimpulses durch das Drehmoment $\tilde{\underline{T}}$ gegeben ist,

$$\tilde{\underline{T}} = \dot{\underline{p}}_m \; . \tag{4.21}$$

$\dot{\underline{p}}_m$ hat die Richtung von $\tilde{\underline{T}}$, steht also nach (4.4) und (4.17)
immer senkrecht auf $\underline{p}_m$ und $\underline{H}$. Hieraus folgt anschaulich, daß
die Präzessionsbewegung um die Richtung von $\underline{H}$ erfolgt[+]), die
in (4.20) auftretende Winkelgeschwindigkeit $\underline{\omega}_L$ also die Richtung von $\underline{H}$ hat. Aus (4.20) ergibt sich damit für die „Larmor -
Präzession" ω_L

$$\underline{\omega}_L = \Gamma \mu_0 \, \underline{H} \; . \tag{4.22}$$

Man ersieht aus (4.22) zunächst, daß $\underline{\omega}_L$ unabhängig von der
Einstellung des magnetischen Momentes $\underline{p}$ zum Magnetfeld $\underline{H}$ ist.
Das bedeutet insbesondere, daß das Vorzeichen von $\underline{\omega}_L$ für die
beiden Elektronen des Bildes 4.5 dasselbe ist; jedes einzelne
Elektron des Atoms umläuft das Magnetfeld mit derselben Winkelgeschwindigkeit $\underline{\omega}_L$. Sieht man von oben (antiparallel zum Magnetfeld)
auf die in Bild 4.6 gezeigte Anordnung, so erscheint die Kreisbahn
als Ellipse (Bild 4.7), die als starres Gebilde mit der Winkelgeschwindigkeit ω_L in der Zeichenebene rotiert. Wenn man sich die Ladung
des Elektrons auf seiner Bahn „verschmiert" denkt - das entspricht
einer zeitlichen Mittelung -, so ist

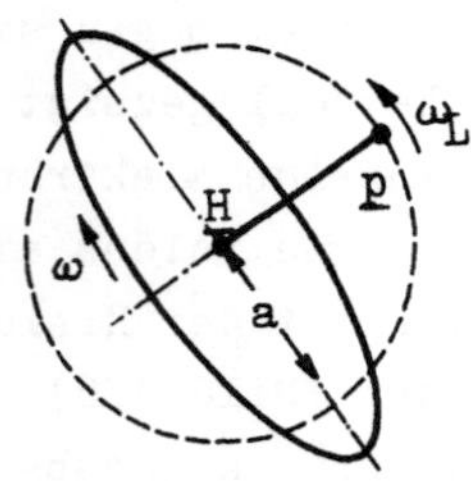

Bild 4.7. Zum induzierten
magnetischen Moment
$\omega=$ Winkelgeschwindigkeit
    auf der Kreisbahn
$\omega_L=$ Rotationsgeschwindig-
    keit der Ellipse

---

[*]) Nach (4.4) ist $\tilde{\underline{T}} \perp \underline{p}$ und $\underline{H}$; aus (4.19) ergibt sich damit,
   daß $\underline{\omega}_L \perp \tilde{\underline{T}}$ ist, also in der Zeichenebene liegt.

[+]) Man kann diesen Nachweis mathematisch exakter nach dem in
   Abschnitt 4.7.2 angewendeten Verfahren führen.

mit dieser Ellipsenrotation eine umlaufende Ladung und damit
definitionsgemäß ein magnetisches Moment verbunden. Dieses
„induzierte" magnetische Moment $\underline{p}_{ind}$ in Feldrichtung beträgt
nach (4.14) und (4.22)

$$\underline{p}_{ind} = - \frac{q}{2} \overline{a^2} \underline{\omega}_L = - \frac{q \mu_0 \Gamma}{2} \overline{a^2} \underline{H} \quad ; \qquad (4.23)$$

hier ist $\overline{a^2}$ der quadratische Mittelwert des Elektronenabstan-
des von der Drehachse. Das induzierte Moment ist dem Magnetfeld
entgegengesetzt gerichtet.

Enthält das Einzelatom Z Elektronen und ist N die Zahl der
Atome pro Volumeneinheit, so gilt für die Suszeptibilität nach
(4.7) und (4.9)

$$\chi = - \frac{q \mu_0 \Gamma}{2} \overline{a^2} N Z \quad . \qquad (4.24)$$

Zur Abschätzung der Größenordnung sei angenommen, daß nur
Bahnmomente vorhanden sind, so daß in (4.18) $g = 1$ zu setzen
ist; ferner wird eine kugelsymmetrische Elektronenverteilung
vorausgesetzt. Dann kann man $\overline{a^2}$ durch den quadratischen Mittelwert des Atomradius $\overline{r^2}$ ausdrücken. Für $\overline{r^2}$ gilt

$$\overline{r^2} = \overline{x^2} + \overline{y^2} + \overline{z^2} = 3 \overline{x^2} \quad .$$

Legt man die z - Achse in Richtung des Magnetfeldes, so ist

$$\overline{a^2} = \overline{x^2} + \overline{y^2} = 2 \overline{x^2} \quad ,$$

also

$$\overline{a^2} = \frac{2}{3} \overline{r^2} \quad .$$

Damit erhält man für die Suszeptibilität die „Langevin - Formel"

$$\chi = - \frac{\mu_0 q^2 N Z}{6 m} \overline{r^2} \quad . \qquad (4.24a)$$

Die Bestimmung von $\overline{r^2}$ ist eine quantenmechanische Aufgabe.
Man kann jedoch die Größenordnung von χ abschätzen, wenn man
für r den Atomradius (erste Bohrsche Quantenbahn) einsetzt,
vgl. Übungsaufgabe 30.

4.4. Paramagnetismus

Weisen die Atome ein permamentes magnetisches Moment auf, so wird ein angelegtes Feld versuchen, diese Momente in Feldrichtung auszurichten[*]). Die Temperaturbewegung wirkt jedoch dieser ordnenden Kraft entgegen. Das sind ähnliche Verhältnisse, wie sie bei der Orientierungspolarisation vorliegen.

Man kann die Ableitungen des Abschnittes 3.5.2 auf den vorliegenden Fall übertragen, wenn man berücksichtigt, daß nach (4.11) $W = - \mu_0 \underline{p} \underline{H}$ und nach (4.7) und (4.9)

$$\chi = \frac{N \overline{p}}{H}$$

ist. Dann ergibt sich analog zu (3.49a)

$$\mu_r - 1 = \chi = \frac{C}{T} \quad , \tag{4.25}$$

wobei

$$C = \frac{\mu_0 \, p^2 N}{3 \, k} \tag{4.25a}$$

als „Curie-Konstante" bezeichnet wird. p ist das permanente Moment des Einzelatoms. Es zeigt sich, daß in diesem Fall χ temperaturabhängig und positiv ist.

Der Vergleich mit der diamagnetischen Suszeptibilität, die natürlich stets vorhanden ist, zeigt, daß das Verhältnis

$$\frac{\chi_{dia}}{\chi_{para}} \approx 7 \cdot 10^{-3}$$

klein gegenüber 1 ist (es wurde $Z = 1$, $p = \mu_B$, $r = 10^{-8}$ cm und $T = 300\,^{\circ}K$ gesetzt). Das bedeutet, daß bei nicht zu hohen Temperaturen der Paramagnetismus überwiegt.

Der Vollständigkeit halber sei festgehalten, daß in der obigen Ableitung eine Näherung enthalten ist: es wurde angenommen, daß sämtliche Raumrichtungen für die Dipole möglich sind, wie es bei gasförmigen und flüssigen D i e l e k t r i k a tatsächlich

---

[*]) Diese Ausdrucksweise setzt voraus, daß sich die Dipole nicht ungestört im Feld bewegen können: dann würden sie lediglich eine Präzessionsbewegung um die Feldrichtung ausführen. Die erforderliche Störung kann beispielsweise durch Stöße bewirkt werden.

der Fall ist. Eine genauere Rechnung muß jedoch berücksichtigen,
daß nur d i s k r e t e Einstellungsmöglichkeiten für ein magnetisches Moment im Magnetfeld existieren. Formal liegen damit
für alle paramagnetischen Werkstoffe ähnliche Verhältnisse vor
wie bei dipolaren Festkörpern (Abschnitt 3.5.3.3). Allerdings
ist die Ursache der Richtungsquantelung in beiden Fällen völlig
verschieden. Während die diskreten Richtungen bei dipolaren
Festkörpern dadurch zustande kamen, daß die Dipole rein geome-
trisch nur in einigen ausgezeichneten Lagen in den Kristall
hineinpaßten, handelt es sich beim Paramagnetismus um einen
rein quantenmechanischen Effekt. Ähnlich wie die Energie quan-
tisiert wird, sind auch die möglichen Richtungen eines Dipols
zu einem Magnetfeld zu quantisieren. Da sich dies an dieser
Stelle letzten Endes nur im Auftreten eines Zahlenfaktors von
der Größenordnung 1 bemerkbar macht, kann auf eine weitere Diskussion verzichtet werden.

4.5. Ferromagnetika

Es sind nun diejenigen Substanzen ausführlicher zu diskutieren, in welchen eine so starke Wechselwirkung der einzelnen
Dipole untereinander vorliegt, daß eine Ausrichtung spontan erfolgt, ohne äußeres Feld. Formal liegen hier ähnliche Verhältnisse vor wie bei Ferroelektrika (Abschnitt 3.8). Es ist allerdings zu beachten, daß die einzelnen magnetischen Dipole ein
p e r m a n e n t e s Moment besitzen, das vom Elektronen s p i n herrührt; der Einfluß von Bahnmomenten auf die gegenseitige Ausrichtung ist zu vernachlässigen, wie die Quantentheorie zeigt.
Während die Ferroelektrizität durch elektrische Dipol - Dipol -
Wechselwirkung zustande kommt, also durch klassische Kräfte,
sind für den Ferromagnetismus quantenmechanische Effekte verantwortlich. Zunächst wird jedoch auf die Natur dieser Kräfte
nicht eingegangen, sondern ihre Wirkung nur phänomenologisch
beschrieben.

4.5.1. Spontane Magnetisierung und Suszeptibilität

Um eine Aussage über die Temperaturabhängigkeit von spontaner Magnetisierung und Suszeptibilität zu gewinnen, wird als
einfaches Modell der Fall untersucht, daß das Einzelatom ein
permanentes Moment von $1\,\mu_B$ besitzt; weiter ist zu berücksich-

tigen, daß dann - wie die Quantentheorie zeigt - nur zwei Einstellungsrichtungen zum Magnetfeld möglich sind, nämlich parallel und antiparallel.

Am Ort des einzelnen Atoms wird nicht nur das von außen angelegte Feld H_a wirksam sein, sondern es werden sich auch noch die Einflüsse benachbarter Dipole in irgendeiner Form bemerkbar machen. Diese Einflüsse - gleich welcher Natur sie sind - sollen rein formal durch Einführung eines „inneren Feldes" H_i berücksichtigt werden[*]), das pauschal als proportional zur Magnetisierung angesetzt wird,

$$\underline{H_i} = \widetilde{W}\,\underline{M} \; , \tag{4.26}$$

wobei die Proportionalitätskonstante $\widetilde{W}$ als „Weißscher Faktor" bezeichnet wird.

Damit kann man die Überlegungen, die bei der Orientierungspolarisation angewendet wurden, auf den vorliegenden Fall übertragen, wenn man für das Feld H an der Stelle eines Dipols

$$H = H_a + \widetilde{W}M \tag{4.27}$$

ansetzt. Da die Energie des Dipols in diesem Feld durch

$$W = - \mu_o\,\mu_B\,(H_a + \widetilde{W}M)$$

gegeben ist und nur zwei Einstellungsmöglichkeiten existieren, erhält man analog zu Übungsaufgabe 10 für den Mittelwert des Dipolmoments in Feldrichtung

$$\overline{p} = \mu_B\,\frac{\exp(\beta) - \exp(-\beta)}{\exp(\beta) + \exp(-\beta)} = \mu_B\,\tanh(\beta)$$

mit

$$\beta = \frac{\mu_o\mu_B(H_a + \widetilde{W}M)}{kT} \; . \tag{4.28}$$

Da hier infolge der Wechselwirkung der Dipole untereinander β nicht mehr klein gegenüber 1 ist, muß die tanh-Funktion erhalten bleiben.

Aus $M = N\overline{p}$ ergibt sich für die Magnetisierung

---

[*]) H_i braucht nicht ein reales Magnetfeld zu sein, es dient lediglich zur Kennzeichnung der Wechselwirkung in dem Sinne, daß $W = -\mu_o\underline{pH_i}$ die Wechselwirkungsenergie zwischen dem Dipol $\underline{p}$ und seinen Nachbarn ist.

$$\frac{M}{M_\infty} = \tanh(\beta) \quad \text{mit} \quad M_\infty = N\mu_B \ . \tag{4.29}$$

M_∞ ist die Sättigungsmagnetisierung, d.h. die Magnetisierung, die sich bei vollständiger Ausrichtung aller Dipole ergibt.

(4.29) stellt zusammen mit (4.28) eine transzendente Gleichung für M dar. Zur Auswertung wird eine graphische Methode herangezogen, die es gestattet, M als Funktion der übrigen Parameter qualitativ zu diskutieren.

Da zunächst die spontane Magnetisierung M_S als Funktion der Temperatur bestimmt werden soll, ist $H_a = 0$ zu setzen. Für (4.29) wird eine Parameterdarstellung gewählt,

$$\frac{M_S}{M_\infty} = \tanh(x) \quad \text{und} \quad \frac{M_S}{M_\infty} = \frac{kT}{\mu_0 \mu_B \widetilde{W} M_\infty} \, x \ .$$

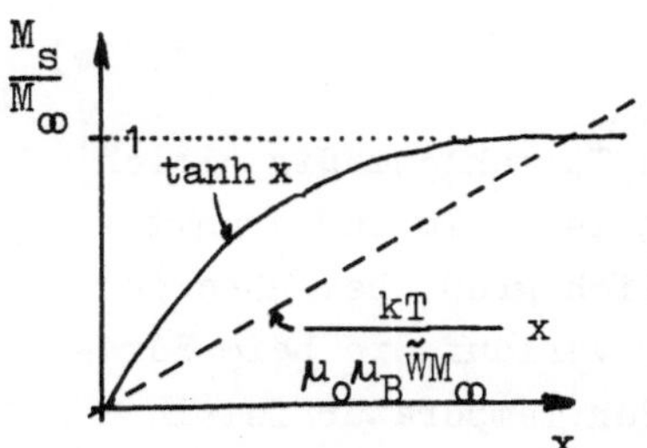

Bild 4.8. Graphische Ermittlung von M_S

Trägt man beide Funktionen in ein und dasselbe Diagramm ein (Bild 4.8), so gibt der Schnittpunkt beider Kurven die gesuchte Lösung $M_S(T)$ an. Für niedrige Temperaturen verläuft die Gerade so flach, daß der Schnittpunkt bei $M_S/M_\infty \approx 1$ liegt. Mit zunehmender Temperatur wird die Gerade immer steiler, bis schließlich oberhalb einer Grenztemperatur T_f kein Schnittpunkt und damit keine spontane Magnetisierung mehr auftritt. Diese Grenze ist dann erreicht, wenn beide Kurven im Nullpunkt denselben Anstieg haben, also bei

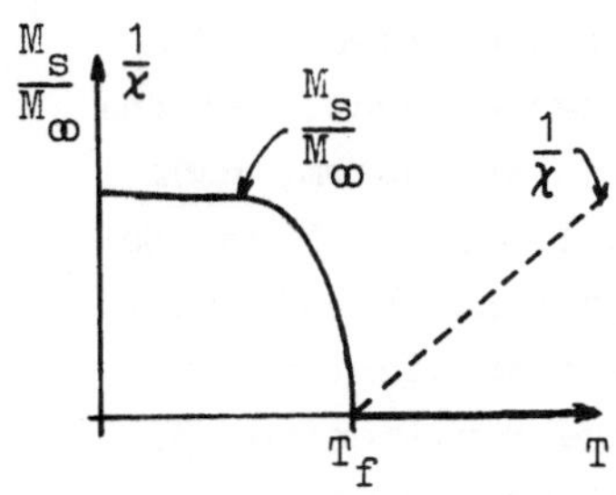

Bild 4.9. Spontane Magnetisierung und Suszeptibilität als Funktion der Temperatur

$$\frac{k\,T_f}{\mu_0 \mu_B \widetilde{W} M_\infty} = 1 \ .$$

Die Temperatur

$$T_f = \frac{\mu_0 \mu_B \widetilde{W} M_\infty}{k} \tag{4.30}$$

wird als ferromagnetische Curie-Temperatur bezeichnet.

In Bild 4.9 ist die spontane Magnetisierung als Funktion der Temperatur skizziert, wie sie sich aus den vorangegangenen Überlegungen ergibt.

Zur Berechnung der Suszeptibilität oberhalb des Curie-Punktes darf das äußere Feld H_a natürlich nicht mehr vernachlässigt werden. Da in diesem Bereich jedoch keine spontane Magnetisierung mehr auftritt, kann ebenso wie beim Paramagnetismus die Entwicklung $\tanh(\beta) \approx \beta$ eingeführt werden. Damit erhält man

$$\chi = \frac{M}{H_a} = \frac{C_w}{T - T_p} \tag{4.31}$$

mit der Curie-Weißschen Konstanten

$$C_w = \frac{\mu_o \, \mu_B \, M_\infty}{k} \tag{4.31a}$$

und der paramagnetischen Curie-Temperatur

$$T_p = C_w \, \widetilde{W} \ . \tag{4.31b}$$

Für das untersuchte Modell sind T_p und T_f zahlenmäßig gleich (experimentell findet man, daß $T_p > T_f$ ist). Im Curiepunkt wird die Suszeptibilität formal unendlich groß, bei höheren Temperaturen ergibt sich ein ähnlicher Verlauf wie beim Paramagnetismus (4.25). $1/\chi$ als Funktion der Temperatur ist in Bild 4.9 mit eingezeichnet.

4.5.2. Magnetisierungskurve und magnetische Struktur

Nachdem das Auftreten einer spontanen Magnetisierung erläutert wurde, sollen nun die phänomenologischen Erscheinungen, an denen das Auftreten von Ferromagnetismus makroskopisch zu erkennen ist, besprochen werden. Wie bereits eingangs erwähnt, ist bei Ferromagnetika der Zusammenhang zwischen Magnetisierung $\underline{M}$ und Magnetfeld $\underline{H}$ nicht nur nichtlinear, sondern $\underline{M}$ ist noch nicht einmal eine eindeutige Funktion von $\underline{H}$. Man beschreibt makroskopisch den Zusammenhang durch Angabe der Magnetisierungskurve (Bild 4.10). Ausgehend von dem Nullpunkt (unmagnetisierter Zustand) wächst M mit zunehmender Feldstärke

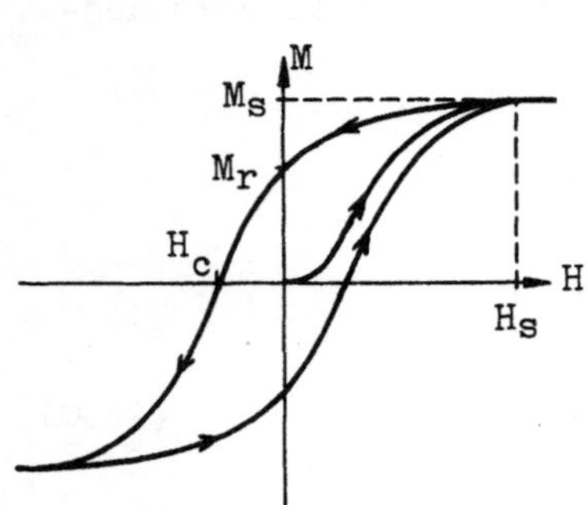

Bild 4.10.
Magnetisierungskurve

bis zur spontanen Magnetisierung M_s an („Neukurve", „jungfräu-
liche Kurve"), die zugehörige Feldstärke H_s wird als Sättigungsfeldstärke bezeichnet.

Bei Verringerung des Magnetfeldes wird eine höher gelegene
Kurve durchlaufen, bei $H = 0$ ist noch eine Magnetisierung, die
„Remanenz" M_r, vorhanden. Bei Umkehr der Feldrichtung verschwindet schließlich die Magnetisierung, die hierzu erforderliche Feldstärke ist die Koerzitivfeldstärke H_c.

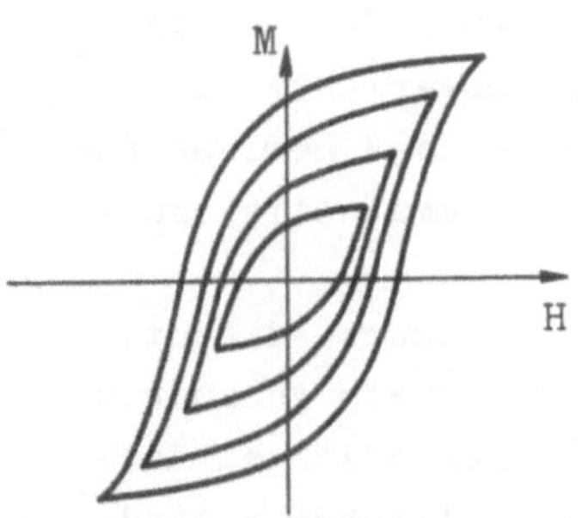

Wenn man die Feldstärke nicht
bis zum Sättigungswert hochfährt,
sondern bereits früher umkehrt, erhält man je nach Aussteuerung die
in Bild 4.11 gezeigten Hystereseschleifen. Die Spitzen liegen praktisch auf der Neukurve.

Als nächstes größeres Ziel soll
das Zustandekommen dieser Kurvenformen erläutert werden. Die Grundlage hierzu wird in den folgenden

Bild 4.11. Magnetisie-
rungskurven bei ver-
schiedenen Aussteuerungen

Abschnitten, die sich mit den Energieverhältnissen näher befassen, geschaffen.

Für einen ersten Überblick kann man das folgende Modell heranziehen:

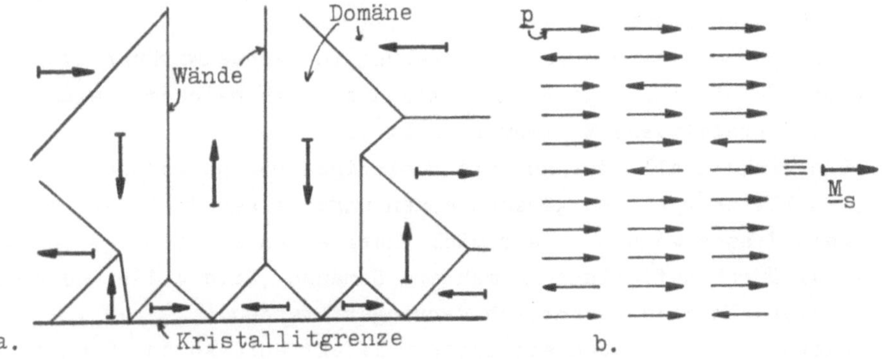

Bild 4.12. Schematische Darstellung der Magnetisierung eines
Polykristalls
a. ohne Feld statistische Verteilung
b. (temperaturabhängige) spontane Magnetisierung innerhalb der
   einzelnen Domänen

Ein ferromagnetisches Material besteht aus einer Anzahl von Bereichen (Domänen, Weißsche Bezirke), die in sich homogen magnetisiert sind (Bild 4.12a); da ihre spontane Magnetisierung M_s temperaturabhängig ist, sind die Dipole innerhalb einer Domäne normalerweise nicht vollständig ausgerichtet (Bild 4.12b). Die einzelnen Domänen sind durch „Wände" voneinander getrennt. Ohne äußeres Magnetfeld ist keine Magnetisierungsrichtung bevorzugt; bei Anlegen eines Feldes erfolgt eine teilweise Ausrichtung in Feldrichtung, bis schließlich bei der Sättigungsfeldstärke H_s alle Bereiche vollständig in Feldrichtung ausgerichtet sind. Die Hystereseschleife kommt dadurch zustande, daß gewisse Energieschwellen zu überwinden sind, bevor eine Ummagnetisierung stattfinden kann.

Bevor sich Einzelheiten der Magnetisierungskurve diskutieren lassen, muß die magnetische Struktur des Materials genauer untersucht werden. Dazu wird man auf einen Einkristall zurückgreifen, da hier die Verhältnisse am übersichtlichsten sind.

Auch in einem Einkristall gibt es einzelne durch Wände getrennte Domänen. Es erhebt sich sofort die Frage, warum ein fehlerfreier Einkristall nicht einen einzigen, in sich homogen magnetisierten Weißschen Bereich darstellt.

Die Beantwortung dieser Frage geht von einem Satz aus, der sich für die Deutung des ferromagnetischen Verhaltens als ungemein nützlich erwiesen hat:

Jedes System, das mit seiner Umgebung in Wechselwirkung steht, nimmt als stabile Lage einen Zustand ein, in welchem die Energie ein (relatives) Minimum besitzt[*].

Ein Einkristall, der aus einer einzigen Domäne bestehen würde, stellt energetisch gesehen einen ungünstigen Fall dar, weil im Feld dieses Magneten sehr viel Energie gespeichert ist (Bild 4.13a). Durch Aufteilung in mehrere Domänen (Bild 4.13b und c) kann diese Energie wesentlich verringert werden.

Hierbei tritt jedoch ein anderer Effekt auf. An der Grenze zwischen zwei Domänen haben benachbarte Dipole entgegengesetzte Richtung; das ist vom Standpunkt der Wechselwirkungsenergie ungünstig, da bei ferromagnetischen Materialien die Parallel-

---

[*]) Dies setzt voraus, daß die interessierenden Energiedifferenzen $\gg kT$ sind, da sonst die Einstellung durch thermische Bewegung gestört wird, vgl. Abschnitt 3.5.2.

stellung den niedrigsten Zustand darstellt. Innerhalb der Wand
ist somit ebenfalls eine Energie gespeichert. Geht die Aufteilung in Domänen zu weit, so wird die Zunahme der Wandenergie
die Abnahme der Feldenergie überkompensieren.

Ein solches Modell würde also in einfacher Weise das Auftreten von Domänen endlicher Größe deuten. Die Verhältnisse sind

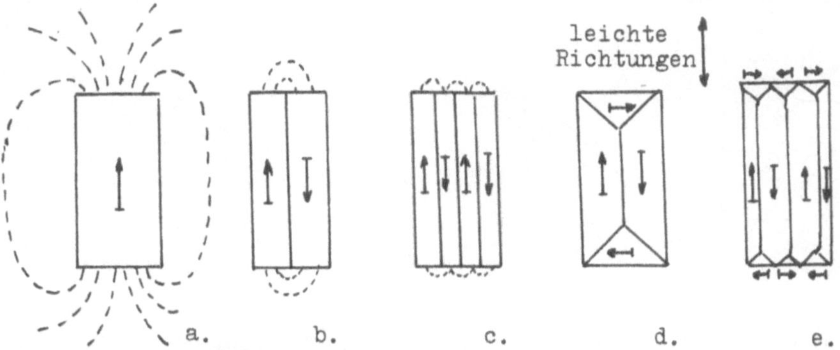

Bild 4.13. Ausbildung von Domänen

jedoch komplizierter. Es gibt nämlich eine weitere Möglichkeit
der Aufteilung in Domänen, bei welcher nach außen hin überhaupt
kein Magnetfeld in Erscheinung tritt. Die Bilder 4.13d und e
zeigen solche Fälle; an der Oberfläche bilden sich „Abschlußdomänen", so daß nur in sich geschlossene Magnetisierungen auftreten. Es ist dies ein Fall, dem man beim Ferromagnetismus
immer wieder begegnet:
Die Aufteilung in Domänen erfolgt näherungsweise so, daß das
Auftreten von Magnetfeldern vermieden wird.

Zur anschaulichen Erklärung kann man darauf zurückgreifen,
daß die Pole eines Magneten als Quelle für das Magnetfeld anzusehen sind. Bei einem ringförmig geschlossenen Magneten tritt
nach außen hin praktisch kein Feld in Erscheinung. Die mathematische Formulierung ergibt sich aus (2.1) und (4.8):

$$\text{div } \underline{B} = \mu_o(\text{div } \underline{H} + \text{div } \underline{M}) = 0 .$$

Die Senken von $\underline{M}$ sind die Quellen von $\underline{H}$. Die Quellen von $\underline{H}$ werden vollständig vermieden, wenn die Normalkomponente von $\underline{M}$
stetig durch die Wand geht[*]):

---

[*]) Dies läßt sich durch Anwendung des Gaußschen Satzes (entsprechend dem in Bild 3.28 skizzierten Verfahren) zeigen.

Die Wände bilden sich so aus, daß die Normalkomponente von
$\underline{M}$ näherungsweise stetig durch die Trennfläche geht.

Von diesem Satz wurde bereits in der Darstellung des Bildes 4.12 Gebrauch gemacht. Als weiteres Anwendungsbeispiel sind in Bild 4.14 Domänenstrukturen in der Umgebung eines nichtferromagnetischen Einschlusses gezeigt.

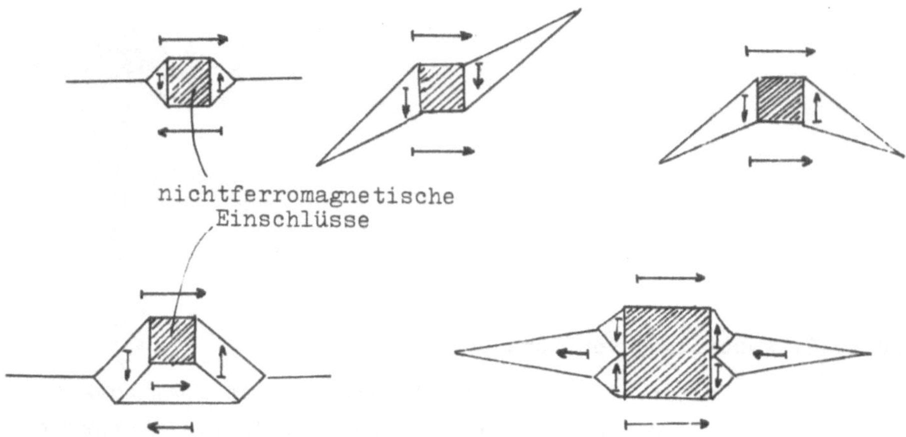

Bild 4.14. Domänenstrukturen

Mit den vorangegangenen Überlegungen fällt aber die Feldenergie aus der qualitativ diskutierten Energiebilanz heraus; man muß andere Mechanismen der Energiespeicherung, die mit der Magnetisierung verbunden sind, zur Deutung der endlichen Domänengröße heranziehen. Im folgenden Abschnitt werden diese Energieformen unabhängig von der vorangegangenen Betrachtung diskutiert.

4.5.3. Anisotropien

Man stellt experimentell fest, daß die Sättigungsfeldstärke H_s von der Richtung des angelegten Feldes in Bezug auf die kristallographischen Achsen abhängig ist. Bild 4.15 zeigt dies am Beispiel des Co, das hexagonale Struktur hat (Bild 4.16). Die Richtung der hexagonalen Achse ist die „leichte" Magnetisierungsrichtung, alle Richtungen senkrecht hierzu, z.B. die $[1\,0\,\overline{1}\,0]$ - Richtung, sind „schwere" Magnetisierungsrichtungen. Greift man auf die in Abschnitt 4.1 eingeführte Dichte der Magnetisierungsenergie (4.13) zurück, so sieht man an Bild 4.15 unmittelbar,

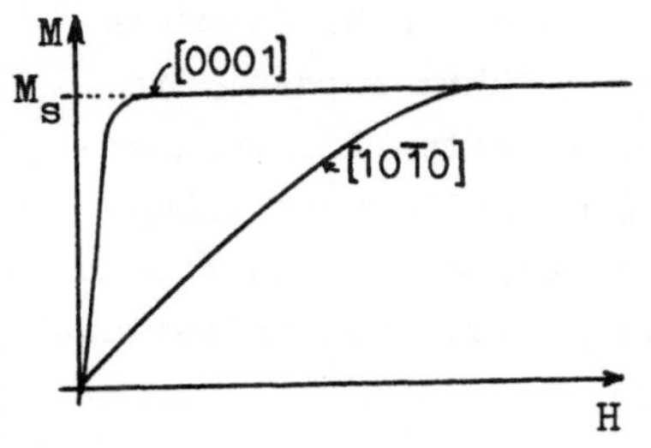

Bild 4.15. Anisotropie der Magnetisierung bei Co

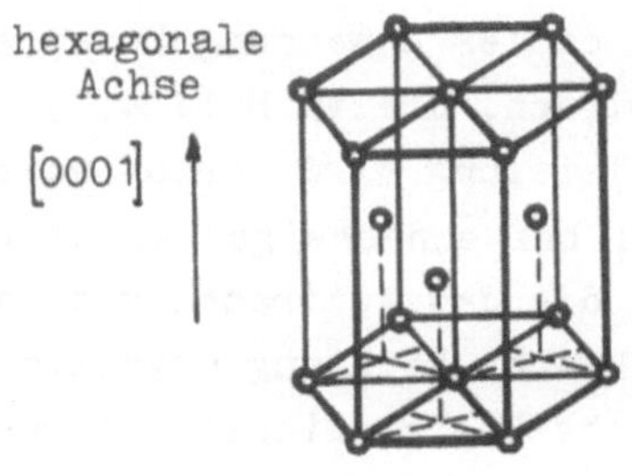

Bild 4.16. Atomanordnung bei hexagonaler Gitterstruktur

daß zur Erzeugung einer Magnetisierung M_s in der schweren Richtung eine größere Energie aufzuwenden ist als zur Erzeugung derselben Magnetisierung in der leichten Richtung. Das bedeutet, daß eine zusätzliche Energie („Kristallanisotropie - Energie") erforderlich ist, um einen magnetisierten Bereich aus der leichten in die schwere Richtung zu drehen. Entsprechend dem oben angeführten Satz wird sich die Magnetisierung ohne äußeres Feld vorzugsweise in eine der leichten Richtungen einstellen. Diese Anisotropie wird verständlich, wenn man berücksichtigt, daß die Atomabstände und damit die energetischen Verhältnisse in den einzelnen Kristallrichtungen verschieden sind.

Man findet experimentell, daß für hexagonale Strukturen die Dichte w_{KA} der Kristallanisotropie - Energie in der Form

$$w_{KA} = w_1 \sin^2 \Theta + w_2 \sin^4 \Theta \quad (4.32)$$

dargestellt werden kann, wobei Θ der Winkel zwischen leichter Richtung und Magnetisierungsrichtung ist (Bild 4.17). Z.B. gilt für Co

$$w_1 = 4,1 \cdot 10^6 \text{ u. } w_2 = 1,0 \cdot 10^6 \text{ erg/cm}^3.$$

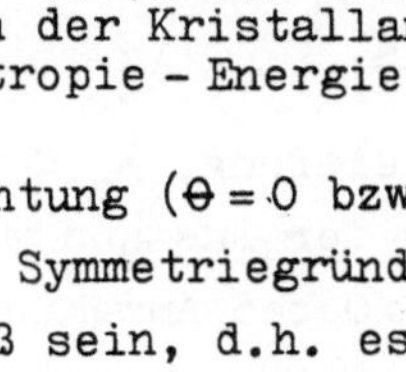

Bild 4.17. Zur Definition der Kristallanisotropie - Energie

Den Aufbau von (4.32) kann man leicht einsehen. Die Kristallanisotropie - Energie muß für die leichte Richtung ($\Theta = 0$ bzw. 180°) ein Minimum annehmen. Sie muß weiter aus Symmetriegründen für positive und negative Winkel gleich groß sein, d.h. es können nur gerade Potenzen von $\sin \Theta$ auftreten. (4.32) stellt also den Anfang einer Potenzreihenentwicklung unter Berücksichtigung der Kristallsymmetrie dar.

Als erstes Anwendungsbeispiel sei auf die Abschlußdomänen hingewiesen, die in Bild 4.13d und e eingeführt wurden. Die Magnetisierung wird vorzugsweise in der leichten Richtung erfolgen; bei einachsigen Kristallen sind dann die Abschlußdomänen, die das Auftreten von Magnetfeldenergie verhindern, in der schweren Richtung magnetisiert; die hiermit verbundene zusätzliche Energiedichte ist wegen $\Theta = 90^{\circ}$

$$w_{KA} = w_1 + w_2 \; .$$

Der diskutierte Mechanismus ist nicht der einzige, durch welchen eine Anisotropie erreicht werden kann. Auch durch Anwendung mechanischer Spannungen wird der Abstand zwischen den einzelnen Gitterbausteinen und damit die Magnetisierung in den verschiedenen Richtungen geändert. Diese Spannungsanisotropie ist mit der Magnetostriktion verbunden. Im einfachsten Fall ergibt sich zwischen Zugspannung $\overset{\smile}{T}$ und Dichte w_{SA} der Spannungsanisotropie - Energie der Zusammenhang

$$w_{SA} = \frac{3}{2} \lambda_s \overset{\smile}{T} \sin^2 \Theta \; , \tag{4.33}$$

wobei Θ der Winkel zwischen Zugrichtung $\overset{\smile}{T}$ und Magnetisierung $\underline{M}$ ist. Die Sättigungsmagnetostriktionskonstante λ_s stellt quantitativ den Zusammenhang mit der Magnetostriktion her: mit der Magnetisierung ist eine Längenänderung des Körpers verbunden. Das ist plausibel, wenn man berücksichtigt, daß die einzelnen Dipole Kräfte aufeinander ausüben und damit eine

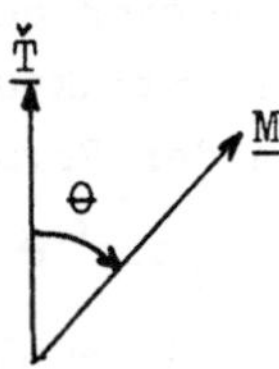

Bild 4.18. Zur Definition der Spannungs- anisotropie - Energie

Verformung des Gitters verursachen. λ_s ist folgendermaßen definiert:

$$\frac{\text{Länge der Probe bei Sättigungsmagnetisierung}}{\text{Länge der Probe unmagnetisiert}} = 1 + \lambda_s \; .$$

$\lambda_s > 0$ bedeutet eine Längenzunahme bei Magnetisierung, $\lambda_s < 0$ entsprechend eine Längenabnahme. Da sich stets der Zustand mit der geringsten Energie einstellt, wird für $\lambda_s > 0$ bei Anwendung einer Zugspannung ($\overset{\smile}{T} > 0$) die Magnetisierungsrichtung vorzugsweise parallel zur mechanischen Spannung verlaufen, bei Anwendung eines Druckes ($\overset{\smile}{T} < 0$) dagegen senkrecht zur Druckachse.

Schließlich ist noch ein trivialer Grund für eine Anisotropie zu nennen, nämlich die makroskopische Gestalt der gesamten Probe (Formanisotropie). Bekanntlich hängt bei einem beliebig gestalteten Körper die „Entmagnetisierung" von der Richtung des angelegten Feldes in Bezug auf die Körperachsen ab; nur bei einer Kugel ist die Entmagnetisierung richtungsunabhängig. Damit ergibt sich auch eine Anisotropie der Magnetisierung, wenn der Körper im Magnetfeld gedreht wird. Gerade in vielen praktischen Fällen ist dieser Effekt zu berücksichtigen.

Für ein Ellipsoid läßt sich die Entmagnetisierung in besonders einfacher Form beschreiben. Der Zusammenhang zwischen dem äußeren Feld $\underline{H}_a$ und dem im Innern wirksamen Feld $\underline{H}$ ist für die Hauptachsen durch

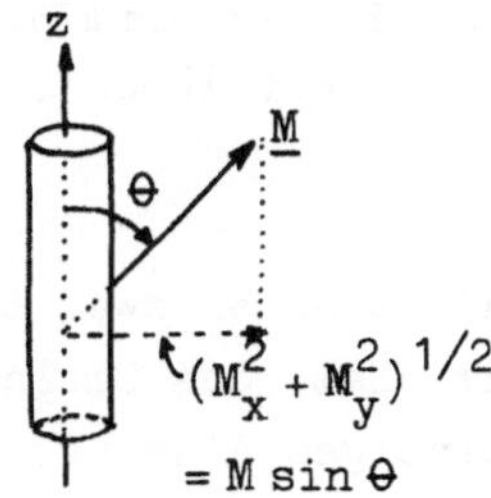

Bild 4.19. Formanisotropie - Energie eines langen Kreiszylinders

$$H_k = H_{ak} - \mathcal{E}_k M_k \quad (k = x, y, z) \quad (4.34)$$

gegeben. Dabei sind die $\mathcal{E}_k$ die drei Entmagnetisierungsfaktoren.

Um die Formanisotropie - Energie zu ermitteln, wird die durch (4.12) gegebene differentielle Änderung dw der Energiedichte eines magnetisierten Körpers für den vorliegenden Fall hingeschrieben,

$$dw = - \mu_o (\underline{M} \, d\underline{H}_a - \mathcal{E}_x M_x \, dM_x - \mathcal{E}_y M_y \, dM_y - \mathcal{E}_z M_z \, dM_z) \; ,$$

woraus durch Integration

$$w = - \mu_o \int_0^{\underline{H}_a} \underline{M} \, d\underline{H}_a' + \frac{\mu_o}{2} (\mathcal{E}_x M_x^2 + \mathcal{E}_y M_y^2 + \mathcal{E}_z M_z^2) \qquad (4.35)$$

folgt. Hier kennzeichnet das Integral die direkte Wechselwirkung mit dem äußeren Feld, während der zweite Term die Formanisotropie beschreibt. Als Beispiel sei (4.35) auf einen langen Zylinder mit kreisförmigem Querschnitt (Bild 4.19) angewendet, der näherungsweise als ein langgestrecktes Rotationsellipsoid aufgefaßt werden kann. Es gilt $\mathcal{E}_x = \mathcal{E}_y = 1/2$, $\mathcal{E}_z = 0$. Damit wird die Dichte w_F der Formanisotropie - Energie

$$w_F = \frac{\mu_o}{4} M^2 \sin^2 \theta \; . \qquad (4.36)$$

Übungsaufgabe 33 befaßt sich mit diesem Beispiel.

Eine Anwendung der Gleichung (4.34) tritt bei der „Scherung" gemessener Magnetisierungskurven auf (Bild 4.20). Wird beispielsweise die Magnetisierungskurve an einem Rotationsellipsoid gemessen, erhält man experimentell zunächst die Magnetisierung als Funktion des äußeren Feldes H_a. Damit ist die gemessene Kurve von der Form der Probe abhängig. Als charakteristische Größe für das Material ist aber erst die Magnetisierung als

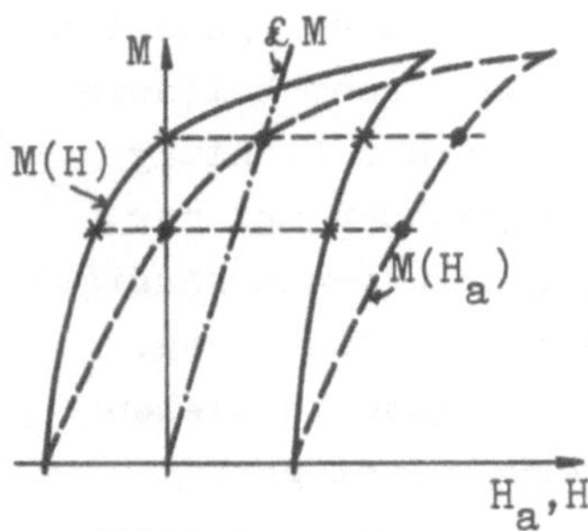

Bild 4.20. Scherung der Magnetisierungskurve

Funktion des tatsächlich im Innern vorhandenen Feldes (4.34) anzusehen. Um diese Kurve zu erhalten, muß die experimentell ermittelte Kurve an der Geraden $H = \pounds M$ geschert werden.

4.5.4. Wände und Domänen

Man findet experimentell, daß die Wand zwischen zwei Domänen nicht eine mathematisch scharfe Grenze ist, das Umklappen der Magnetisierung also nicht in einer einzigen Atomlage erfolgt. Vielmehr erstreckt sich, wie Bild 4.21 zeigt, der Übergang von einer Magnetisierungsrichtung in die andere über viele Zwischenlagen - im Gegensatz zu dem entsprechenden Verhalten der

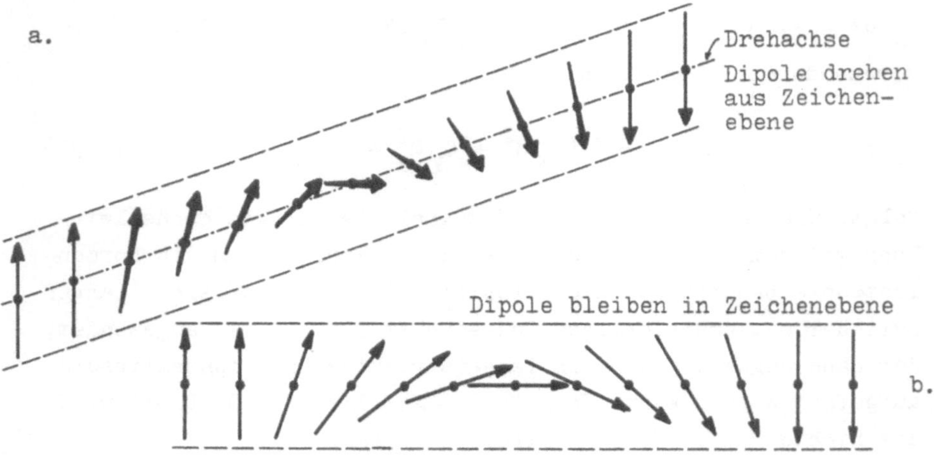

Bild 4.21. Formen der 180° - Wand.
a. Blochwand   b. Neélwand

Ferroelektrika. Bei einer „Blochwand" erfolgt die Drehung der Dipole um eine Achse senkrecht zur Wand (Bild 4.21a), bei einer „Neélwand" um eine Achse in der Wand (Bild 4.21b).

Es bleibt die Frage zu diskutieren, durch welche Effekte ein solcher allmählicher Übergang, also eine endliche Wanddikke, zustande kommt. Auch diese Erscheinung kann man durch Energiebetrachtungen plausibel machen.

Zur Untersuchung der Energieverhältnisse in einer Wand müssen einige Ergebnisse der Quantentheorie herangezogen werden. Die wichtigsten hier benötigten Resultate seien ohne Ableitung in stark vereinfachter Form zusammengestellt.

1. Für ferromagnetische Wechselwirkung ist der Elektronenspin entscheidend; Bahnmomente spielen nur eine untergeordnete Rolle.

2. Für die gegenseitige Ausrichtung der einzelnen Dipole ist nicht die Energie des Magnetfeldes, sondern die quantenmechanische Austauschenergie verantwortlich; es ist dies eine Energieform, zu der es kein klassisches Analogon gibt.

3. Austauschkräfte zwischen zwei Elektronen treten nur dann auf, wenn sich die Elektronenbahnen überlappen, also nur bei benachbarten Atomen.

4. Das durch (4.26) eingeführte „innere Feld" H_i, das die Wechselwirkung der Dipole untereinander kennzeichnete, ist kein Magnetfeld; es ist lediglich als Maß für die Austauschkräfte anzusehen, vgl. Fußnote S. 82.

5. Die Austauschenergie $W(\beta)$ zwischen zwei Dipolen, deren Richtungen einen Winkel β miteinander bilden, ist durch

$$W(\beta) = - \frac{W_o}{2} \cos\beta \tag{4.37}$$

gegeben. In dieser Schreibweise ist W_o die Energiedifferenz zwischen Parallel- und Antiparallelstellung.

Die folgende Diskussion geht von (4.37) aus.

Zunächst soll die durch die quantenmechanische Rechnung eingeführte Größe W_o durch meßbare makroskopische Daten ausgedrückt werden. Geht man davon aus, daß das äußere Feld H_a in (4.27) als klein gegenüber dem inneren Feld vernachlässigt werden kann, so wird die Energie eines Dipols p bei Parallelstellung zu H_i durch $-\mu_o\, p\, H_i = -\mu_o\, p\, \widetilde{W}\, M_\infty$ bestimmt. Es wurde vorausgesetzt, daß alle Dipole parallel stehen. Nun rührt das innere Feld von allen nächsten Nachbarn her, deren Zahl Z sei. Um die Wechselwirkungsenergie $-W_o/2$ mit e i n e m Nachbarn bei Parallelstellung zu erhalten, ist der obige Ausdruck durch Z zu dividieren,

$$-\frac{W_o}{2} = -\frac{\mu_o\, p\, \widetilde{W}\, M_\infty}{Z}\ .$$

Führt man hier mit (4.30) die Curietemperatur ein (es sei vereinfachend $p = 1\,\mu_B$ gesetzt), erhält man den gesuchten Zusammenhang

$$W_o = \frac{2\,k\,T_f}{Z}\ . \tag{4.38}$$

Um zu zeigen, daß die Austauschenergie kleiner ist, wenn sich der Übergang von einer Domäne zur benachbarten über viele Atomlagen erstreckt statt sprunghaft zu erfolgen, werden für ein einfach kubisches Gitter Grenzfälle diskutiert.

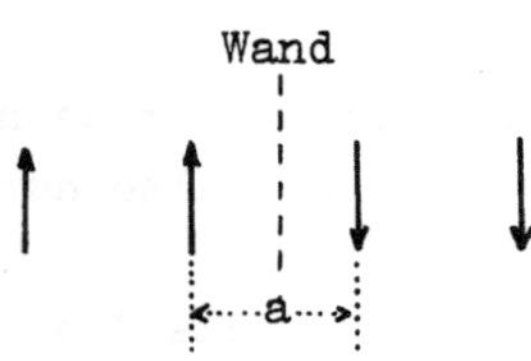

Bild 4.22. Wand bei sprunghaftem Übergang

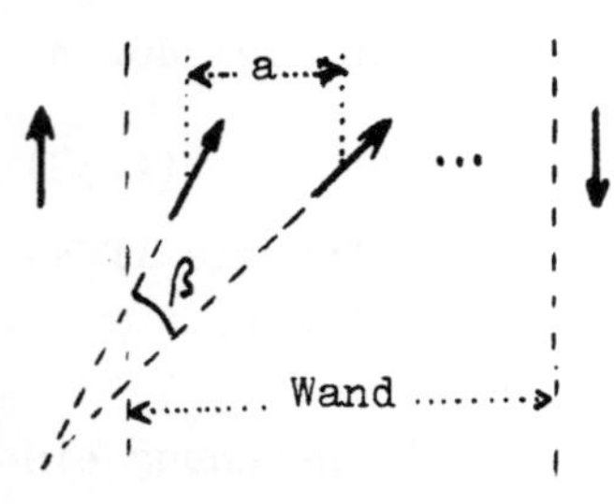

Bild 4.23. Wand bei allmählichem Übergang

1. Sprunghafter Übergang

Bezeichnet man mit a die Gitterkonstante (Bild 4.22), so ergibt sich für die Flächendichte $\widetilde{\sigma}_A$ der durch Austauschkräfte bedingten Wandenergie

$$\widetilde{\sigma}_A = W_o/a^2\ . \tag{4.39}$$

2. Allmählicher Übergang

Ist der Übergang über viele Atomlagen verteilt, so wird der Winkel β zwischen benachbarten Atomlagen so klein (Bild 4.23), daß

$$\cos\beta \approx 1 - \beta^2/2$$

gesetzt werden darf. Gegenüber einer Parallelstellung ist in einem Dipol nach (4.37) die zusätzliche Austauschenergie

$$W(\beta) - W(0) = W_o\,\beta^2/4$$

gespeichert. Pro Atomlage ergibt sich damit eine Energie

mit der Flächendichte $W_o \beta^2/(4\,a^2)$. Nimmt man vereinfachend an, daß sich die Drehung von $180°$ gleichmäßig auf n Atomlagen verteilt $(n \gg 1)$, so erhält man wegen $\beta = \pi/n$ für die Flächendichte der Energie pro Atomlage

$$\frac{W_o\, \pi^2}{4\, a^2\, n^2}\ ,$$

also für n Atomlagen die Flächendichte $\widetilde{\sigma}_A$ der durch Austauschkräfte bedingten Wandenergie

$$\widetilde{\sigma}_A = \frac{W_o\, \pi^2}{4\, a^2\, n}\ . \tag{4.39a}$$

Ein Vergleich von (4.39) mit (4.39a) zeigt, daß die in der Wand gespeicherte Austauschenergie bei einem allmählichen Übergang kleiner ist als bei einem sprunghaften.

Dann sollte man aufgrund allein dieser Überlegung aber erwarten, daß sich eine Wand beliebig weit ausdehnt, denn das wäre der energetisch günstigste Zustand. Da sich tatsächlich eine e n d l i c h e Wanddicke einstellt, muß man nach anderen Energietermen suchen, welche die entgegengesetzte Tendenz haben, also mit zunehmender Wanddicke größere Werte annehmen. Eine endliche Wanddicke wird sich dann so einstellen, daß die Gesamtenergie zu einem Minimum wird.

Die andere hier anzuziehende Energieform ist die Kristall-anisotropie – Energie. Es wird wieder der einfachste Fall zugrunde gelegt, daß nur eine leichte Richtung existiert. Innerhalb der Domänen liegt die Magnetisierung in der leichten Richtung. Im Innern der Wand muß dann jedoch die Magnetisierung teilweise in der schweren Richtung liegen (Bild 4.24). Vom Standpunkt der Anisotropie – Energie wäre es am günstigsten, wenn der Übergang in einer einzigen Atomlage erfolgen würde, da dann überhaupt keine Kristallanisotropie – Energie auftreten würde.

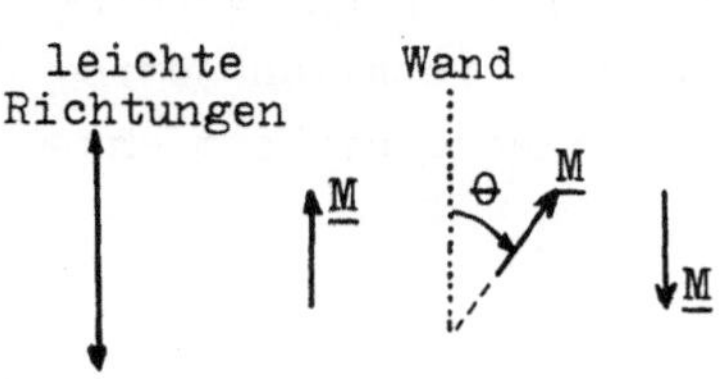

Bild 4.24. Zur Kristall-anisotropie – Energie in einer Wand

Zwischen den beiden Grenzfällen (Wanddicke eine Atomlage und Wanddicke beliebig groß) ist ein Kompromiß in der Weise zu schließen, daß die G e s a m t energie zu einem Minimum wird.

Da dieses Minimalprinzip im folgenden häufig angewendet wird, sei die zugrunde liegende Logik stichwortartig zusammengestellt.

1. Aus dem physikalischen Modell ist zu bestimmen, welche Energieformen W_i miteinander in Konkurrenz stehen. Es ist dann die Gesamtenergie zu bilden,

$$W_{ges} = \sum_i W_i \ .$$

2. Es ist festzustellen, von welchen Variablen ν_1, ν_2, ... die Gesamtenergie abhängt,
$$W_{ges}(\nu_1, \nu_2, \ldots) \ .$$

3. Die Bedingungen für das Minimum der Gesamtenergie sind durch Differenzieren nach den einzelnen Parametern festzulegen,

$$\frac{\partial W_{ges}}{\partial \nu_1} = \frac{\partial W_{ges}}{\partial \nu_2} = \ldots = 0 \ .$$

   Erforderlichenfalls ist sicherzustellen, daß es sich um ein Minimum (und nicht etwa um ein Maximum) handelt.

4. Damit erhält man Bestimmungsgleichungen für die Werte der Parameter an der Stelle des Minimums, so daß nun auch der Minimalwert von W_{ges} ermittelt werden kann.

Dieses Schema ist nun auf den vorliegenden Fall anzuwenden. Vernachlässigt man für die folgende Überschlagsrechnung vereinfachend den $\sin^4$ - Term in (4.32), so wird die Kristallanisotropie - Energie, die in der i-ten Atomlage pro Flächeneinheit enthalten ist,

$$a\,w_1 \sin^2\left(\frac{\pi}{n}i\right) \ .$$

Die Flächendichte $\tilde{\sigma}_{KA}$ der Kristallanisotropie - Energie der gesamten Wand erhält man durch Aufsummieren über alle Atomlagen,

$$\tilde{\sigma}_{KA} = \sum_{i=o}^{n} a\,w_1 \sin^2\left(\frac{\pi}{n}i\right) \approx a\,w_1 \int_0^n di \sin^2\left(\frac{\pi}{n}i\right) = \frac{a\,w_1\,n}{2} \ . \qquad (4.40)$$

Die Flächendichte $\tilde{\sigma}_w$ der gesamten Wandenergie wird mit (4.39a) und (4.40)

$$\tilde{\sigma}_w = \tilde{\sigma}_A + \tilde{\sigma}_{KA} = \frac{W_o \pi^2}{4 a^2 n} + \frac{a w_1 n}{2} \ . \tag{4.41}$$

Diese Energiedichte wird ein Minimum, wenn

$$\frac{\partial \tilde{\sigma}_w}{\partial n} = 0, \ \text{also} \ \ n = \pi \sqrt{\frac{W_o}{2 a^3 w_1}} = \pi \sqrt{\frac{k T_f}{a^3 Z w_1}} \tag{4.42}$$

ist; bei der letzten Gleichung wurde (4.38) herangezogen. Einsetzen dieses Wertes in (4.39a), (4.40) und (4.41) führt auf

$$\frac{\tilde{\sigma}_w}{2} = \tilde{\sigma}_A = \tilde{\sigma}_{KA} = \frac{\pi}{2} \sqrt{\frac{w_1 \, k \, T_f}{a \, Z}} \ . \tag{4.43}$$

Damit hat man sowohl die Wanddicke als auch die in der Wand gespeicherte Energie für das zugrunde gelegte Modell ermittelt.

Setzt man zur Abschätzung der Größenordnung die Zahlenwerte für Eisen ein,

$$T_f = 1\,100\ ^oK, \ a = 2,86\,\text{Å}, \ w_1 = 4,2 \cdot 10^5 \ \text{erg/cm}^3, \ Z = 8,$$

erhält man

n = 140 entsprechend einer Wanddicke von etwa 400 Å und

$$\tilde{\sigma}_w = 1,6 \ \text{erg/cm}^2 \ .$$

Diese Zahlenwerte liegen in der experimentell gefundenen Grössenordnung.

Nachdem damit Dicke und Energie der Wand abgeschätzt sind, soll durch eine ähnliche Überschlagsrechnung die Größe der Domänen bestimmt werden. Bild 4.25 zeigt das zu verwendende Modell. Die Magnetisierung liegt im wesentlichen in der leichten Richtung, außer in den Abschlußdomänen. Man kann die Dicke der Weißschen Bezirke aus der Forderung abschätzen, daß die Gesamtenergie, bestehend aus Kristallanisotropie - Energie und Wandenergie, zu einem Minimum werden muß.

Dies ist in Übungsaufgabe 34 selbständig durchzuführen.

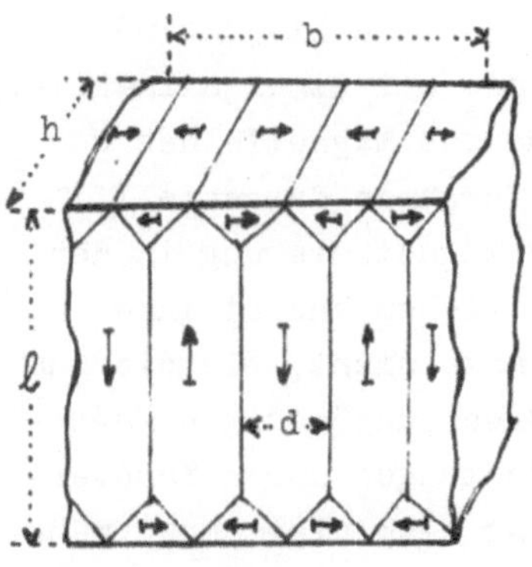

Bild 4.25. Struktur zur Berechnung der Domänengröße

4.5.5. Vorgänge bei der Magnetisierung

Nachdem im vorangegangenen die verschiedenen Effekte, die bei der Magnetisierung eine Rolle spielen, einzeln untersucht wurden, ist nun zu zeigen, wie durch das Zusammenspiel dieser Erscheinungen die makroskopisch beobachtete Magnetisierungskurve zustande kommt. Es sei als einfaches Modell ein Einkristall mit kubischer Symmetrie betrachtet. Eine Änderung der makroskopisch beobachteten Magnetisierung kann durch zwei Mechanismen hervorgerufen werden, die schematisch in Bild 4.26 skizziert sind. Bei Anlegen eines Feldes H kann die Magnetisierung in Feldrichtung einmal durch „Wandverschiebungen" bevorzugt werden (Übergang von Bild 4.26a zu Teilbild b): zum andern kann aber auch eine Drehung der Magnetisierungsrichtungen in den einzelnen Domänen erfolgen (Übergang von Bild 4.26c zu Teilbild d).

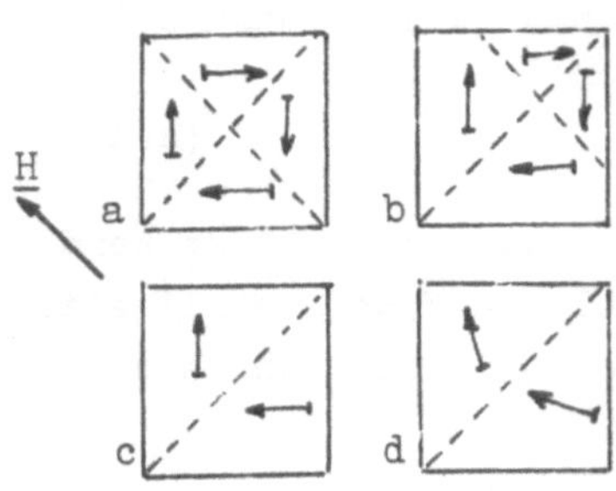

Bild 4.26. Wandverschiebungen und Drehungen

Wie in Bild 4.27 skizziert ist, überwiegen bei geringen Feldstärken Wandverschiebungen, dagegen bei hohen Feldstärken Drehprozesse; in Bild 4.26a bis d sind anschaulich die bei einer allmählichen Erhöhung des Magnetfeldes H ablaufenden Vorgänge dargestellt. Die spontane Magnetisierung in den einzelnen Bereichen ändert ihre Richtung solange nicht, wie die zum Feld energetisch ungünstigen Magnetisierungsrichtungen durch Wandverschiebungen verringert werden können. Erst wenn dies nicht mehr möglich ist, werden die verbleibenden Magnetisierungsvektoren in Feldrichtung gedreht.

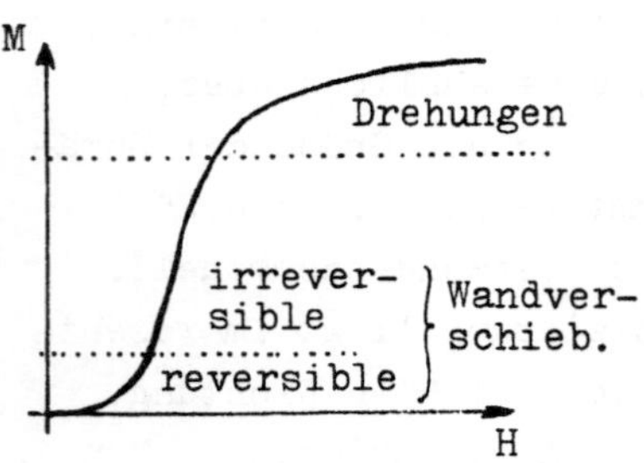

Bild 4.27. Magnetisierungskurve und Magnetisierungsmechanismen

Im folgenden werden Wandverschiebungen und Drehungen getrennt untersucht.

4.5.5.1. Wandverschiebungen bei 180° - Wänden

Der Diskussion sei der Fall zugrunde gelegt, daß zwei antiparallel magnetisierte Bereiche in einem einachsigen Kristall
durch eine 180° - Wand voneinander getrennt sind (Bild 4.28a).
Die spontane Magnetisierung wird sich in jeder Domäne in die
leichte Richtung einstellen, so daß die Kristallanisotropie - Energie einen Minimalwert einimmt; keine der beiden antiparallelen Richtungen ist energetisch ausgezeichnet, so daß zunächst die Frage offen bleibt, warum die Wand gerade an einer bestimmten, offenbar doch ausgezeichneten Stelle sitzt.

Weiter oben wurde gezeigt, daß die in der Wand gespeicherte Energie von der Kristallanisotropie abhängig ist. In einem fehlerfreien Idealkristall wäre diese Energie überall gleich groß, so daß keine räumliche Lage für die Wand ausgezeichnet wäre. Im Realkristall treten jedoch stets V e r s p a n n u n g e n auf, die räumlich statistisch schwanken. Solche Verspannungen

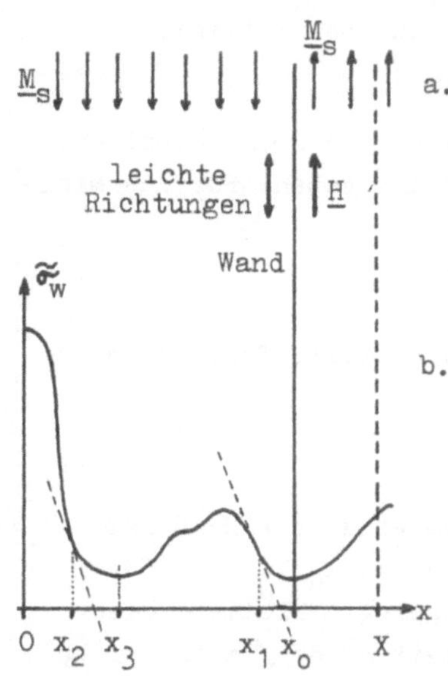

Bild 4.28. Wandenergie
bei Schwankungen der
Verspannungen
a. Magnetisierung
b. Wandenergie

können beispielsweise beim Abkühlen des Kristalls entstehen
oder durch Kristallbaufehler, Fremdatome oder nichtmagnetische
Einschlüsse bedingt sein. Die damit verbundene Spannungsanisotropie - Energie ist bei der Berechnung der Wandenergie zu berücksichtigen. Dadurch wird die Flächendichte $\tilde{\sigma}_W$ der Wandenergie ebenso wie die Spannungsanisotropie - Energie statistisch
schwanken (Bild 4.28b). Ohne äußeres Feld wird sich die Wand
an einer solchen Stelle festsetzen, an welcher $\tilde{\sigma}_W$ ein relatives Minimum hat, also z.B. bei $x = x_0$.

Wie ändern sich diese Verhältnisse, wenn ein Magnetfeld $\underline{H}$
in der angegebenen Richtung angelegt wird? Qualitativ erwartet
man, daß der energetisch günstigere Bereich auf Kosten des energetisch ungünstigeren Gebietes wächst. Eine quantitative Aussage

folgt wieder aus der Forderung, daß sich der Zustand mit der
geringsten Gesamtenergie einstellt. Die zur Konkurrenz stehenden Energieformen sind die Flächendichte $\tilde{\sigma}_w$ der Wandenergie
und innerhalb der Domänen die Energie der Magnetisierung im
Magnetfeld. Betrachtet man den Bereich $0 < x < X$, so gilt für
die Summe beider Energieformen (bezogen auf die Flächeneinheit
senkrecht zur Zeichenebene), wenn die Wand bei x liegt,

$$\tilde{\sigma}(x) = \tilde{\sigma}_w(x) + \mu_0 M_s H x - \mu_0 M_s H (X - x) \quad .$$

Damit ist die im Bereich zwischen $x = 0$ und $x = X$ enthaltene
Energie als Funktion der Lage der Wand angegeben. Für das Minimum gilt

$$\frac{d\tilde{\sigma}}{dx} = \frac{d\tilde{\sigma}_w}{dx} + 2\mu_0 M_s H = 0 ,$$

d.h. die Wand wird sich an einer solchen Stelle festsetzen, an
welcher

$$\frac{d\tilde{\sigma}_w}{dx} = - 2\mu_0 M_s H \qquad\qquad (4.44)$$

ist, die Gesamtenergie also zum Minimum wird. Für $H = 0$ ist
dies z.B. das eingezeichnete Minimum bei $x = x_0$.

Wird zunächst ein schwaches Feld angelegt, klettert die
Wand den Berg soweit hoch, bis die Ableitung $d\tilde{\sigma}_w/dx$ an der betreffenden Stelle die Bedingung (4.44) erfüllt (x_1 in Bild
4.28b). Damit ist, wie anfangs qualitativ vermutet, der energetisch günstigere Bereich auf Kosten des ungünstigeren gewachsen. Geht man nun wieder mit dem Magnetfeld auf null zurück,
wandert die Wand in ihre Ausgangslage x_0. Dies ist das Gebiet
der „reversiblen Wandverschiebungen" (Bild 4.27).

Wenn man jedoch das Feld weiter erhöht, gibt es in dem betreffenden Tal der $\tilde{\sigma}_w(x)$-Kurve keine größere Steigung und damit
keine Gleichgewichtslage mehr, die Wand springt nun zur Stelle
x_2 („Barkhausen-Sprung"). Bei weiterer Steigerung der Feldstärke klettert die Wand an dem Berg weiter empor.

Geht man nun mit dem Feld auf null zurück, wandert die Wand
kontinuierlich in die neue Gleichgewichtslage bei x_3, die alte
Gleichgewichtslage x_0 wird nicht mehr erreicht; es handelte sich
um einen irreversiblen Barkhausen-Sprung. Entsprach die Lage
bei x_0 dem unmagnetisierten Zustand, bleibt bei Zurückgehen mit
dem Feld auf null eine zusätzliche Magnetisierung des Bereiches

zwischen x_3 und x_0 in Richtung des Magnetfeldes zurück, d.h.
eine „Remanenz". Die makroskopische Magnetisierung des Gesamt-
kristalls liegt vorzugsweise in derjenigen Richtung, in welcher das Magnetfeld angelegt war.

4.5.5.2. Wandverschiebungen bei 90° - Wänden

Etwas andere Verhältnisse liegen bei 90° - Wänden vor. Treten im Inneren eines Kristallits solche Wände auf, müssen die
möglichen leichten Richtungen senkrecht aufeinander stehen, es
muß sich um einen mehrachsigen Kristall handeln. Es möge sich
die in Bild 4.29 im Polardiagramm
skizzierte Richtungsabhängigkeit
der Kristall - Anisotropieenergie
ergeben; die $\pm x$ - und $\pm y$ - Richtungen sind gleichwertig. In einem
Idealkristall wäre demzufolge
ohne äußeres Magnetfeld die Lage
der Wand wieder unbestimmt.

Neben der Kristall - Anisotropieenergie ist jedoch noch die
Spannungsanisotropie zu berücksichtigen. Auch hier schwanken
die Verspannungen statistisch mit
dem Ort.

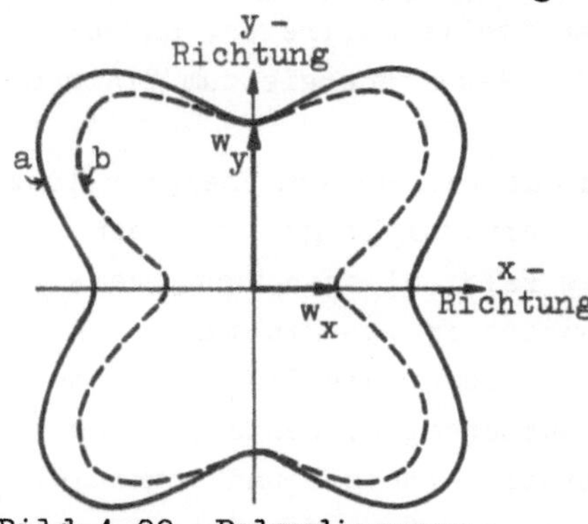

Bild 4.29. Polardiagramm
der Anisotropie - Energien
a. nur Kristallanisotropie
b. Kristall- und Span-
nungsanisotropie

Für die folgenden Überlegungen sei $\lambda_s > 0$ angenommen.

Liegt nun an einer herausgegriffenen Stelle beispielsweise
ein Druckzustand ($\check{T} < 0$) in y - Richtung vor, so ist nach (4.33)

$$w_{SA} = - w_3 \sin^2 \Theta \ .$$

Trägt man in Bild 4.29 die g e s a m t e Anisotropie - Energie
$w = w_{KA} + w_{SA}$ ein, erhält man Kurve b. M_s wird sich in die energetisch günstigste Lage einstellen, in diesem Fall in $\pm x$ - Richtung. w_x bzw. w_y stellen die Dichten der Anisotropie - Energie
bei Magnetisierung in x - bzw. y - Richtung dar.

Es sei nun der Fall betrachtet, daß die lokalen Verspannungen derart räumlich schwanken, daß bei Fortschreiten in Richtung senkrecht zur Wand die Verspannungen im wesentlichen von
der y- in die x - Richtung drehen (Bild 4.30a). Für jeden ein-

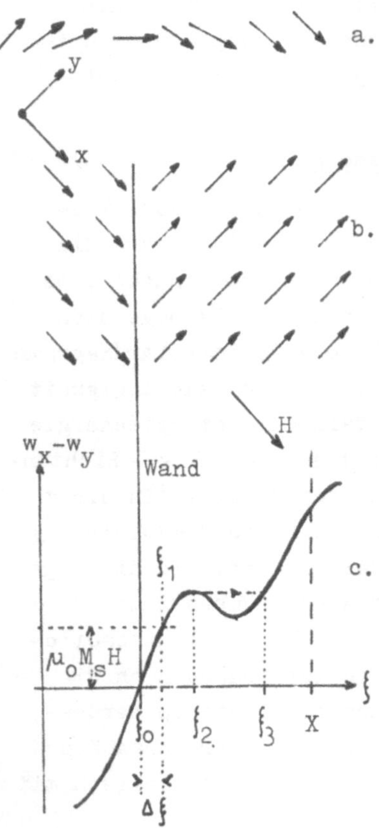

Bild 4.30. Statistische Verspannungen (a) und spontane Magnetisierung (b) bei einer 90° - Wand.
c. Zur Wandverschiebung bei 90° - Wänden

zelnen Ort wäre ein neues Polardiagramm analog zu Bild 4.29 zu zeichnen. In diesem Beispiel wird links ein Bereich auftreten, der in x - Richtung spontan magnetisiert ist und entsprechend rechts ein in y - Richtung spontan magnetisierter Bereich (Bild 4.30b). Dazwischen bildet sich eine 90° - Wand aus. Diese Wand wird an einer solchen Stelle auftreten, an welcher die Gesamtenergie zum Minimum wird.

Bei Aufstellung der Energiebilanz ist zu berücksichtigen, daß ein äußeres Feld anliegen kann, beispielsweise in +x - Richtung. Man schreibt wieder die Flächendichte der Gesamtenergie, bestehend aus Anisotropie - Energie und magnetischer Energie, für den Bereich zwischen $\xi = 0$ und $\xi = X$ hin[*])(Bild 4.30c),

$$\tilde{\sigma} = \int_0^{\xi} d\xi' \, w_x(\xi') + \int_{\xi}^{X} d\xi' \, w_y(\xi') - \mu_0 M_s H \, \xi \; .$$

Damit ist die Gesamtenergie als Funktion des Parameters ξ, welcher die Lage der Wand kennzeichnet, gegeben. Das Energieminimum findet man durch Differenzieren,

$$\frac{d\tilde{\sigma}}{d\xi} = 0 = w_x(\xi) - w_y(\xi) - \mu_0 M_s H \; .$$

Die Wand wird sich also an derjenigen Stelle ausbilden, an welcher

$$w_x - w_y = \mu_0 M_s H \tag{4.45}$$

[*]) Wie eine genauere Untersuchung zeigt, kann man in diesem Fall die Wandenergie vernachlässigen gegenüber den Anisotropie - Energien in den Domänen.

ist. Diese Verhältnisse sind in Bild 4.30c skizziert. Es ist die Differenz $w_x - w_y$ als Funktion des Ortes aufgetragen, wie sie etwa aus dem Spannungsverlauf des Bildes 4.30a folgt. Für $H = 0$ liegt die Wand an der Stelle ζ_o, an welcher $w_x = w_y$ ist. Ihre Lage verschiebt sich mit wachsendem Feld; trägt man $\mu_o M_s H$ ebenfalls in das Diagramm ein, kann man die neue Lage ζ_1 bestimmen: der energetisch günstigere Magnetisierungsbereich ist auf Kosten des ungünstigeren gewachsen. Bei Zurücknahme des Feldes stellt sich die alte Gleichgewichtslage wieder ein (reversible Wandverschiebung).

Bei weiterer Erhöhung des Feldes wird schließlich der Punkt ζ_2 erreicht. Die geringste Felderhöhung führt nun zu einem Sprung der Wand nach ζ_3 (Barkhausen - Sprung). Wird dann die Feldstärke etwas erniedrigt, läuft die Wand zunächst auf dem rechten Kurvenast bis zum Minimum zurück; dann springt sie auf den linken Ast, der Punkt ζ_2 wird nicht mehr erreicht.

Geht man mit der Feldstärke auf null zurück, wird die alte Gleichgewichtslage bei ζ_o wieder erreicht. Eine Remanenz tritt nicht auf[*]).

4.5.5.3. Anfangspermeabilität

Die Anfangspermeabilität ist eng mit den Wandverschiebungen verknüpft. Das sei am Beispiel der 90° - Wände diskutiert. Anhand des Bildes 4.30c sieht man, daß das magnetische Moment, soweit es durch Verschiebung einer einzelnen Wand zustande kommt, durch $M_s A \, \Delta\zeta$ gegeben ist, wobei A die Fläche der Wand bedeutet. Im Bereich der Anfangspermeabilität kann man den Verlauf von $(w_x - w_y)$ in der Umgebung der Gleichgewichtslage durch eine Gerade ersetzen,

$$w_x - w_y = 0 + \frac{d(w_x - w_y)}{d\zeta}\bigg|_{\zeta_o} \Delta\zeta = \mu_o M_s H \, ,$$

so daß

---

[*]) Im Gegensatz zu Abschnitt 4.5.5.1 muß in dem hier behandelten Modell in jeder Gleichgewichtslage eine Wand sitzen, da links und rechts dieser Stelle die beiden Magnetisierungsrichtungen nicht energetisch gleichwertig sind. Das bedeutet, daß jede Wand bei Abschalten des Feldes wieder in „ihre" Gleichgewichtslage zurückkehrt bzw. sich an dieser Stelle wieder neu bildet.

$$\Delta\zeta = \frac{\mu_o M_s H}{\left.\dfrac{d(w_x - w_y)}{d\zeta}\right|_{\zeta_o}}$$

wird. Ist Z die Zahl der Wände pro Volumeneinheit, so gibt A Z
die gesamte Wandfläche pro Volumeneinheit und $A\,Z\,\Delta\zeta\,M_s$ das
magnetische Moment pro Volumeneinheit an. Daraus folgt

$$\chi = \frac{M}{H} = \frac{A\,Z\,\Delta\zeta\,M_s}{H} = \mu_o M_s^2 \left(\frac{A\,Z}{\left.\dfrac{d(w_x - w_y)}{d\zeta}\right|_{\text{Gleichgew.-Lage}}} \right) . \quad (4.46)$$

Da sich nicht alle Wände gleich verhalten, wurde durch den
Strich angedeutet, daß über die betreffenden Größen zu mitteln
ist. Der Mittelwert des Anstiegs der Anisotropie - Energie in
den Gleichgewichtslagen kann im allgemeinen nur durch Über-
schlagsrechnungen mit mehr oder weniger willkürlichen Annahmen
bestimmt werden. Der Herstellungsprozeß geht in die Größe dieses Ausdruckes entscheidend ein.

Es sei darauf hingewiesen, daß nach (4.46) die Anfangspermeabilität proportional dem Quadrat der spontanen Magnetisierung
ist. Dies gilt auch für andere Mechanismen wie beispielsweise
Drehungen. Die praktische Bestimmung der in (4.46) auftretenden
Mittelwerte stößt allerdings auf Schwierigkeiten.

4.5.5.4. Drehungen der Magnetisierungsvektoren

Die Methode, die zur Untersuchung der Drehungen von Magnetisierungsrichtungen anzuwenden ist, soll an einem einfachen Modell erläutert werden, welches lediglich einen Umklapp - Prozeß
beschreibt. In den Übungsaufgaben 36 bis 38 ist dieses Verfahren auf Drehprozesse zu übertragen.

Es sei vereinfachend angenommen, daß nur Drehungen der Magnetisierungsvektoren vorkommen können, aber keine Wandverschiebungen. Als einzige Anisotropie liege die Kristallanisotropie -
Energie (4.32) vor. Es existiere nur eine leichte Achse, beispielsweise in $\pm z$ - Richtung; die spontane Magnetisierung wird
sich in eine dieser Richtungen einstellen. Es ist zu untersuchen, welche Magnetisierungskurve sich ergibt, wenn ein Magnetfeld in $-z$ - Richtung angelegt wird (Bild 4.31).

Es ist der Fall von Interesse, daß die Magnetisierung der

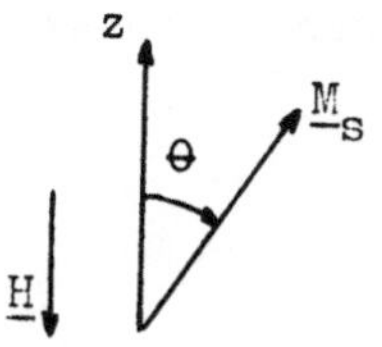

Bild 4.31. Drehung der Magnetisierungsvektoren

Domäne in +z - Richtung weist und unter der Einwirkung des Feldes umklappen muß.

Auch die sich hierbei abspielenden Vorgänge können durch die Forderung gedeutet werden, daß die Gesamtenergie stets einen (relativen) Minimalwert annimmt; die Gesamtenergie pro Volumeneinheit, bestehend aus Anisotropie - Energie und magnetischer Energie, ist

$$w = w_1 \sin^2 \Theta - \mu_o M_s H \cos(\pi - \Theta)$$

$$= w_1 \sin^2 \Theta + \mu_o M_s H \cos \Theta \; . \qquad (4.47)$$

Dabei wurde vereinfachend in (4.32) $w_2 = 0$ gesetzt. Bild 4.32a zeigt diesen Verlauf für verschiedene Werte von H, wie er sich unter Verwendung der Hilfsfunktionen des Teilbildes b ergibt. Bei kleinen H - Werten treten Minima bei $\Theta = 0, \pi$ auf. Bei großen Werten von H existiert nur noch ein Minimum bei $\Theta = \pi$. Solange noch ein (relatives) Minimum bei $\Theta = 0$ vorhanden ist, wird die Magnetisierung in dieser Richtung liegen bleiben. Erst nach Verschwinden dieses Minimums wird aus der stabilen Lage eine labile, die Magnetisierung klappt in Feldrichtung $\Theta = \pi$.

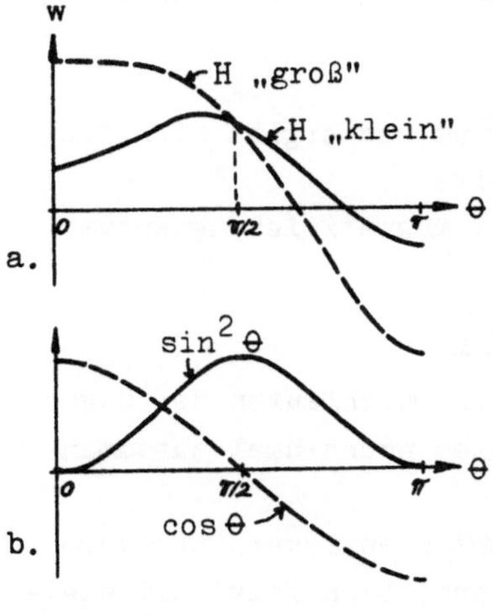

Zur mathematischen Untersuchung dieses Vorganges sind wieder die Extremwerte der Gesamtenergie zu berechnen:

Bild 4.32.
a. Energiedichte in Abhängigkeit von der Magnetisierungsrichtung mit H als Parameter.
b. Hilfsfunktionen zur graphischen Auswertung von (4.47)

$$\frac{dw}{d\Theta} = 0 = 2 w_1 \sin \Theta \cos \Theta - \mu_o M_s H \sin \Theta \; ;$$

Extremwerte liegen bei $\sin \Theta = 0$, also $\Theta = 0, \pi$, und bei

$$\cos \Theta = \frac{\mu_o M_s H}{2 w_1} \; .$$

Bereits aus der anschaulichen Überlegung (Bild 4.32a) folgt, daß nur bei $\Theta = 0, \pi$ Minima vorliegen können, dazwischen befindet sich dann ein Maximum. Dieses verschwindet, wenn

$$\frac{\mu_o M_s H}{2 w_1} \geqslant 1$$

wird. Dann geht das Minimum bei $\Theta = 0$ in ein Maximum über, wie man auch durch Bilden der zweiten Ableitung feststellt:

$$\left.\frac{d^2 w}{d\Theta^2}\right|_{\Theta=0} = 2w_1 \cos 2\Theta - \mu_o M_s H \cos \Theta\Big|_{\Theta=0}.$$

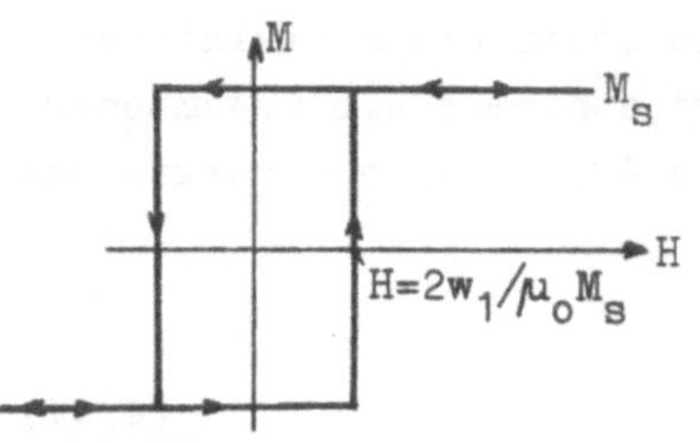

Bild 4.33. Umklappen der Magnetisierung

Für $\mu_o M_s H < 2 w_1$ ist die zweite Ableitung positiv, es liegt ein Minimum vor, für $\mu_o M_s H > 2 w_1$ dagegen ein Maximum. Bei der Feldstärke

$$H = \frac{2 w_1}{\mu_o M_s}$$

kippt also die Magnetisierungsrichtung um, es ergibt sich die in Bild 4.33 skizzierte Hystereseschleife.

Damit ist für diesen Spezialfall die Magnetisierungskurve explizite berechnet.

4.5.5.5. Formen der Magnetisierungskurve

Die physikalischen Vorgänge, die beim Durchlaufen der Magnetisierungskurve eine Rolle spielen, seien nocheinmal zusammengefaßt.

Im Bereich der Anfangspermeabilität treten reversible Verschiebungen von 90°- und 180°-Wänden auf. Dann folgt mit steiler werdender Kurve das Gebiet der Barkhausensprünge mit irreversiblen Wandverschiebungen. Sind diese Vorgänge abgelaufen, liegt die Magnetisierung überall in der zum Feld günstigsten Richtung leichter Magnetisierbarkeit.

Liegt das Feld in einer leichten Richtung an, ist damit bereits die spontane Magnetisierung M_s erreicht (Bild 4.34); das ergibt einen relativ steilen Verlauf der

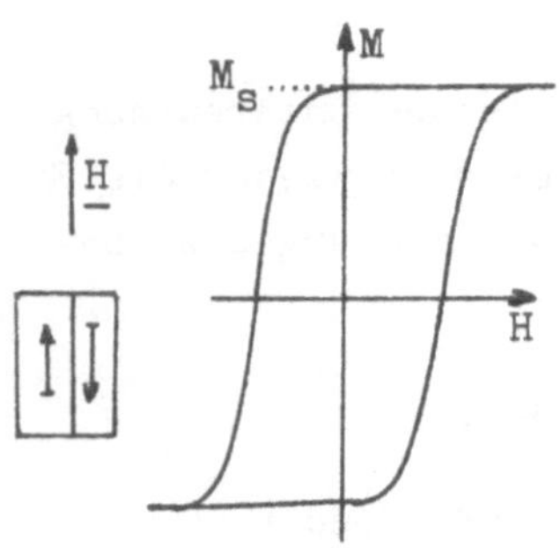

Bild 4.34. Magnetisierungskurve bei Fehlen von Drehungen

Magnetisierungskurve. Andernfalls schließt sich nun das Gebiet

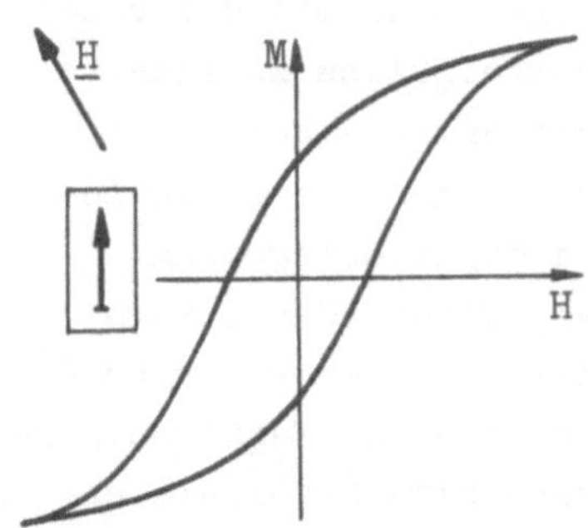

Bild 4.35. Magnetisie-
rungskurve mit Drehun-
gen

der Drehungen an (Bild 4.35). Um
die Magnetisierung in Feldrichtung zu drehen, ist die Anisotropie - Energie zu überwinden, das
hat einen allmählichen Anstieg der
makroskopisch beobachteten Magnetisierung bis zur vollständigen Ausrichtung aller Bereiche zur Folge.

Bei Zurücknahme des Feldes werden (gegebenenfalls) zunächst die
Drehungen rückgängig gemacht, anschließend die Wandverschiebungen.
Beim Feld null bleibt die Remanenz
zurück; diese kann sowohl von Wandverschiebungen (Abschnitt
4.5.5.1) als auch von Drehungen (Abschnitt 4.5.5.4) herrühren.
Um auch diese verbleibende Magnetisierung wieder abzubauen,
muß ein Feld in der Gegenrichtung angelegt werden: bei der Koerzitivfeldstärke ist der makroskopisch unmagnetisierte Zustand wiederhergestellt.

Man kann die Form der Magnetisierungskurve qualitativ beschreiben durch Angabe typischer Kenngrößen wie Sättigungsmagnetisierung, Remanenz und Koerzitivfeldstärke. Im folgenden
sei die Diskussion auf diese drei Größen beschränkt.

Die Sättigungsmagnetisierung liegt ganz grob in
der Größenordnung von 10^4 Øe. Sie wird im wesentlichen durch
das magnetische Moment der einzelnen Gitterbausteine und durch
ihre Konzentration bestimmt.

Große Werte der Remanenz wird man erreichen, wenn die
Drehung der Magnetisierung in den Weißschen Bereichen keine
Rolle spielt, wenn man also z.B. Substanzen mit nur einer Achse
leichter Magnetisierbarkeit[*]) verwendet und diese Achse näherungsweise die Richtung des angelegten Feldes hat. Liegen dagegen die Vorzugsrichtungen der Magnetisierung senkrecht zum
angelegten Feld, erhält man eine geringe Remanenz.

---

[*]) Solche Ausrichtung der einzelnen Kristallite kann man beispielsweise durch Tempern im Magnetfeld erreichen.

Die K o e r z i t i v f e l d s t ä r k e variiert in weiten Bereichen, zwischen $6 \cdot 10^{-3}$ und 700 Øe, bei speziellen Dauermagneten lassen sich Werte bis zu $2 \cdot 10^4$ Øe erreichen. Mit den bisher entwickelten Vorstellungen kann man wenigstens zu einer qualitativen Aussage über die Koerzitivfeldstärke gelangen: geringe Koerzitivfeldstärken wird man erreichen, wenn die lokalen Schwankungen der 180° - Wandenergie möglichst gering sind, d.h. wenn man lokale Verspannungen, Einschlüsse, Korngrenzen, Fremdatome und ähnliche Kristallbaufehler weitgehend vermeidet. Ferner sollen Anisotropie - Energie und Magnetostriktion möglichst klein sein. Im entgegengesetzten Grenzfall erhält man hohe Koerzitivfeldstärken.

Es gibt noch eine andere Möglichkeit zur Erzielung großer Werte von H_c, nämlich die Verwendung von hinreichend feinkörnigem ferromagnetischen Pulver, wobei die Partikelgröße etwa 10^{-4} bis 10^{-5} cm beträgt. Jedes dieser Partikel ist für sich ein einziger Weißscher Bezirk, also in sich homogen magnetisiert. Wandverschiebungen können damit nicht auftreten, sondern nur Drehungen der Magnetisierungsrichtung. Diese Drehung aus der energetisch günstigen Lage erfordert wegen der Anisotropie - Energie erhebliche Feldstärken. Ist die Magnetisierung in Feldrichtung erst einmal erfolgt, so sind starke Felder aufzuwenden, um sie wieder rückgängig zu machen; das bedeutet hohe Koerzitivfeldstärken.

Für Mn Bi beispielsweise ist die Koerzitivfeldstärke als Funktion der Partikelgröße in Bild 4.36 dargestellt.

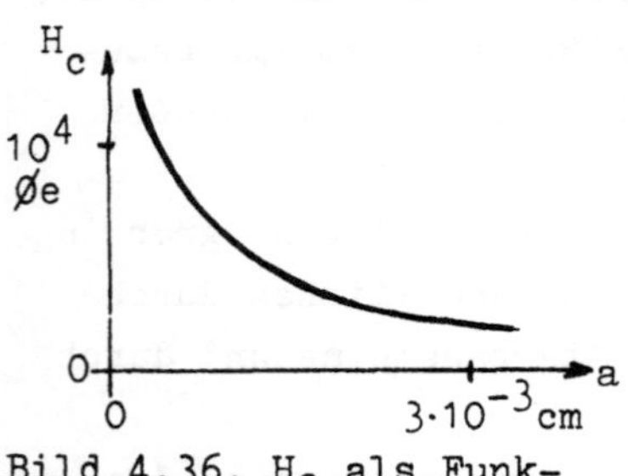

Bild 4.36. H_c als Funktion des Partikelradius für Mn Bi

4.5.6. Magnetisierungskurve bei Vormagnetisierung

Bisher wurden lediglich solche Hystereseschleifen diskutiert, wie sie sich bei symmetrischer Aussteuerung nach positiven und negativen Feldstärken ergeben. Wenn man eine Vormagnetisierung anlegt und dann in einem großen Bereich aussteuert, so daß das Gebiet zwischen den Feldstärken H_1 und H_2 des Bildes 4.37 überstrichen wird, durchläuft man die Kurve 2. Ist dagegen die Aussteuerung klein gegenüber der Koerzitivfeldstärke, erhält man

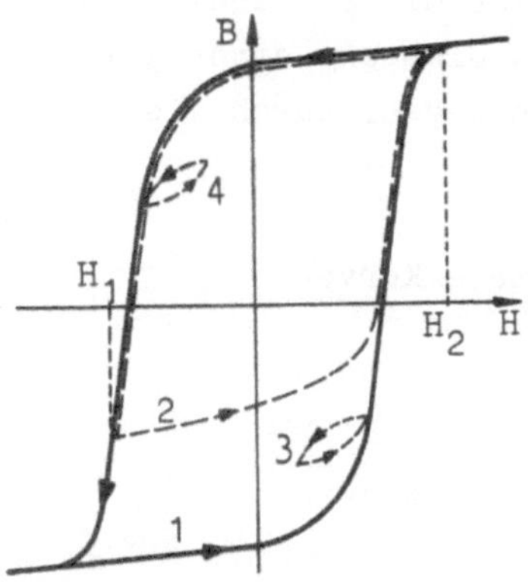

Bild 4.37. B(H)-Kurven
1 Volle Aussteuerung
  ohne Vormagnetisie-
  rung
2 Volle Aussteuerung
  auf positiver Seite
  mit Vormagnetisie-
  rung
3,4 kleine Aussteuerung

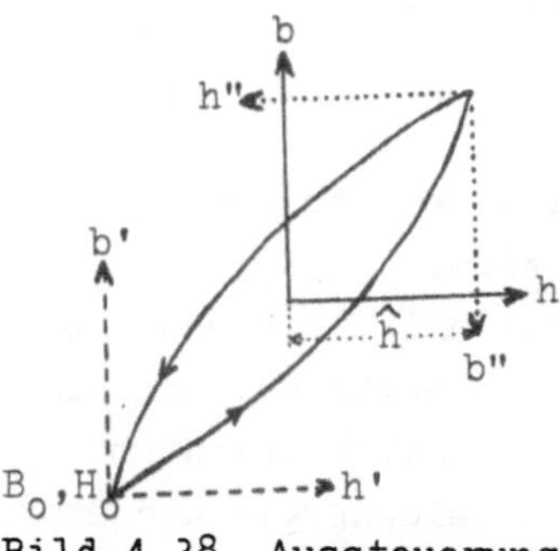

Bild 4.38. Aussteuerung
im Rayleigh - Bereich

die Kurven 3 und 4. Dieser letztgenannte Fall läßt sich wenigstens
in der phänomenologischen Beschreibung quantitativ in einfacher Weise erfassen, er soll daher etwas
eingehender diskutiert werden.

Die Verluste, die in einem
Netzwerk durch eine Spule mit fer-
romagnetischem Kern entstehen, be-
ruhen darauf, daß zwischen B und H
in diesem Kern kein eindeutiger Zusammenhang besteht. Ohne daß man
auf den Mechanismus, der für das
Zustandekommen der Hystereseschleifen 3 und 4 verantwortlich ist, ein-
geht, kann man eine plausible mathematische Beschreibungsform für B(H)
angeben. In Bild 4.38 ist die Kurve 4 nocheinmal vergrößert heraus-
gezeichnet. Als Ursprung des Koordinatensystems wurde die linke untere Ecke der Kurve gewählt. Es
ist naheliegend, für hinreichend
kleine Aussteuerungen, beginnend
beim Umkehrpunkt (B_0, H_0), die B(H)-
Kurve durch eine Potenzreihe darzustellen, die man im einfachsten
Fall mit dem quadratischen Glied
abbricht:

$$b'(h') = \mu h' + \nu h'^2$$

mit

$$b' = B - B_0 \quad \text{und} \quad h' = H - H_0 \; .$$

Diese Gleichung gilt für die untere Kurve; für den oberen Kurvenast läßt sich eine analoge Beziehung angeben, wobei jetzt
allerdings der Ursprung des Koordinatensystems b",h" in der
rechten oberen Ecke liegt,

$$b''(h'') = \mu h'' + \nu h''^2 \; .$$

Es ist üblich, nicht diese Schreibweise mit getrennten Koordinatensystemen zu wählen, sondern den Ursprung eines gemeinsamen Systems in die Mitte der Kurven zu legen. Durch die Transformationen

$$h = h' - \hat{h}$$
$$b = b' - (\beta\,\hat{h} + 2\nu\,\hat{h}^2) \qquad \Bigg\} \text{ untere Kurve}$$

und

$$-h = h'' - \hat{h}$$
$$-b = b'' - (\beta\,\hat{h} + 2\nu\,\hat{h}^2) \qquad \Bigg\} \text{ obere Kurve}$$

erhält man die Gleichung

$$b(h) = (\beta + 2\nu\,\hat{h})\,h \mp \nu(h^2 - \hat{h}^2) \ , \qquad (4.48)$$

wobei das obere Vorzeichen für die obere Kurve, das untere Vorzeichen für die untere Kurve gilt. Für nicht zu große Werte von $\hat{h}$ ist diese Beziehung mit konstanten Werten β und ν experimentell gut erfüllt („Rayleigh - Bereich"). Ferner sieht man, daß der mittlere Anstieg der Hystereseschleife,

$$\frac{b_{max}}{\hat{h}} = \beta + 2\nu\,\hat{h} \ , \qquad (4.49)$$

linear mit der Aussteuerung $\hat{h}$ verknüpft ist, ein Ergebnis, das ebenfalls durch das Experiment bestätigt wird.

Man kann mit (4.48) für diesen Grenzfall alle interessierenden Größen, wie z.B. Koerzitivfeldstärke und Remanenz, ausrechnen. Auch die Verlustleistung pro Umlauf läßt sich leicht bestimmen. Die Energiedichte w, die sich aus Feldenergie und Magnetisierungsenergie (4.13) zusammensetzt, ist im vorliegenden Fall

$$w = \mu_o \int h \ dh + \mu_o \int h \ dm = \int h \ db \ .$$

Für den Hystereseverlust pro Umlauf und Volumeneinheit ergibt sich die von der Hysteresekurve umschlossene Fläche,

$$w = 4\nu \int\limits_0^{\hat{h}} (\hat{h}^2 - h^2) \ dh = \frac{8\nu}{3} \hat{h}^3 \ . \qquad (4.50)$$

Daraus folgt für die Hysterese - Verlustleistung P_h

$$P_h = w \frac{\omega}{2\pi} V \ , \qquad (4.51)$$

wobei V das Volumen des ferromagnetischen Kerns bedeutet. Zur
Erfassung der Hystereseverluste in einem Ersatzschaltbild kann
man einen „Hysteresewiderstand" R_h durch die Definition

$$P_h = R_h \cdot I_{eff}^2 \tag{4.52}$$

einführen, wobei I_{eff} den Effektivwert des Stromes darstellt
und P_h die durch (4.51) gegebene Hysterese – Verlustleistung
ist. Wird beispielsweise das Magnetfeld sinusförmig vorgegeben
und die Proportionalität von Magnetfeld und Strom in der Form

$$h(t) = C_1 \cdot I(t) = C_1 \cdot \hat{I} \cdot \cos \omega t$$

berücksichtigt, ergibt sich für den Hysteresewiderstand

$$R_h = V\omega \frac{8}{3\pi} \nu C_1^3 \cdot \hat{I} \; . \tag{4.53}$$

Man sieht hieraus, daß der Hysteresewiderstand mit der Frequenz und der Stromamplitude zunimmt.

Weiter läßt sich im Hinblick auf praktische Anwendungen im
Gültigkeitsbereich von (4.48) die nichtlineare Verzerrung bzw.
der Anteil an Oberschwingungen ausrechnen. So gilt bei sinusförmig variierendem Magnetfeld $h(t) = \hat{h} \cos \omega t$ die Beziehung

$$b(t) = (\mathring{\mu} + 2\nu\hat{h})\hat{h} \cos \omega t \pm \nu \hat{h}^2 \sin^2 \omega t \; , \tag{4.54}$$

wobei das obere Vorzeichen für die erste Periodenhälfte, das
untere Vorzeichen für die zweite Periodenhälfte gilt (Bild
4.39). Die Fourierzerlegung führt auf

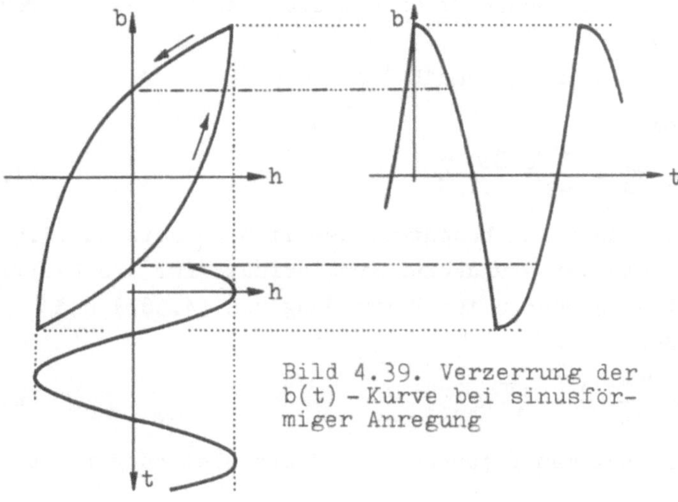

Bild 4.39. Verzerrung der
b(t) – Kurve bei sinusför-
miger Anregung

$$b(t) = (\overset{\circ}{\beta} + 2\nu\,\hat{h})\,\hat{h}\cos\omega t + \frac{8\nu}{\pi}\hat{h}^2\left(\frac{\sin\omega t}{3} - \frac{\sin 3\omega t}{15} - \ldots\right). \quad (4.55)$$

Infolge des Auftretens von Oberschwingungen kann man die Permeabilität μ für den vorliegenden Fall nur durch eine Zusatzdefinition einführen: die Beziehung

$$b = \mu_o\,\mu_r\,h \qquad (4.56)$$

wendet man nur auf die G r u n d w e l l e der Kreisfrequenz ω an, vernachlässigt in dieser Schreibweise also Oberschwingungen in (4.55). Dann läßt sich analog zu den Dielektrika (3.4) eine komplexe Permeabilität durch

$$\mu_r = \mu' - j\mu'' \qquad (4.56a)$$

einführen und es gilt

$$\mu_o\mu' = \overset{\circ}{\beta} + 2\nu\,\hat{h} \quad \text{und} \quad \mu_o\mu'' = \frac{8\nu}{3\pi}\,\hat{h} \quad . \qquad (4.56b)$$

Weiter kann man einen Verlustwinkel $\tan\delta$ durch

$$\tan\delta = \frac{\mu''}{\mu'} = \frac{8\nu\,\hat{h}}{3\pi(\overset{\circ}{\beta} + 2\nu\,\hat{h})} \qquad (4.56c)$$

definieren (vgl. (3.9)). Es ist hierzu allerdings zu bemerken, daß damit nicht die gesamten Hystereseverluste erfaßt werden, da Oberschwingungen vernachlässigt wurden.

Mit dieser Permeabilität wird - analog zur Kondensatorformel (3.3) - die komplexe Induktivität L definiert:

$$L = \mu_r\,L_o \quad . \qquad (4.57)$$

Der Zusammenhang zwischen Strom und Spannung ist dann durch die Beziehung

$$U = j\omega L\,I = (j\omega\mu'\,L_o + \omega\mu''L_o)\,I$$

gegeben, wobei

$$\omega\mu''\,L_o = R'_h = \frac{\omega L_o}{\mu_o}\,\frac{8\nu}{3\pi}\,\hat{h} \qquad (4.58)$$

den Hysteresewiderstand bedeutet, der im Gegensatz zu (4.53) nur die Verluste der Grundschwingung erfaßt. Für den Realteil von L ergibt sich dann unter Verwendung von (4.56b) und (4.58) die Beziehung

$$\mathrm{Re}(\omega L) = \frac{\omega L_o}{\mu_o}\,\overset{\circ}{\beta} + \frac{3\pi}{4}\,R'_h \quad . \qquad (4.59)$$

Experimentell hat man gefunden, daß diese Gleichung für eine

Reihe verschiedener Eisensorten solange gilt, wie die Magnetisierung kleiner als 1% der spontanen Magnetisierung ist. Bei
Ferriten ist diese Beziehung jedoch nicht so gut erfüllt.

Fehlt die Gleichvorspannung, so gelten analoge Formeln. In
dem Fall ist $\overset{\circ}{\mu}$ die Anfangspermeabilität.

4.6. Antiferromagnetismus

Bei der Besprechung der dielektrischen Eigenschaften hatte
sich gezeigt, daß auch der Fall eintreten kann, in welchem
eine Antiparallelstellung der Dipole energetisch günstiger ist
als eine Parallelstellung. Dasselbe kann auch hier eintreten.

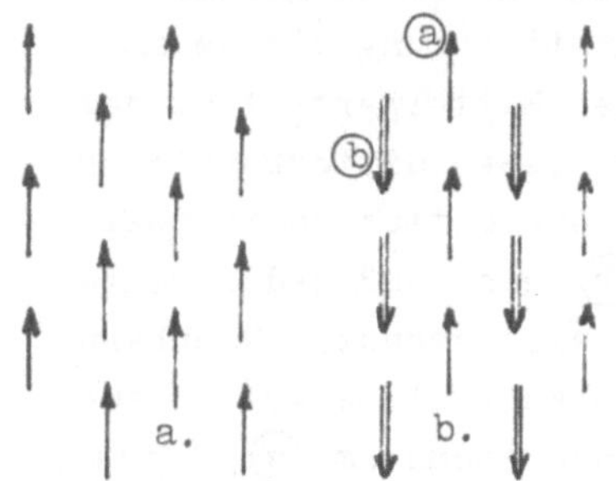

Bild 4.40. Dipoleinstel-   Bild 4.41. Mögliche Domänenstruk-
lungen, schematisch   tur bei Antiferromagnetika
a. Ferromagnetismus
b. Antiferromagnetismus

Bild 4.40 zeigt schematisch die Dipoleinstellung bei Ferro-
und Antiferromagnetismus. Sind die magnetischen Momente der einzelnen Gitterbausteine gleich groß, stellt man experimentell
keine spontane Magnetisierung fest. Es gibt aber trotzdem bei
hinreichend niedrigen Temperaturen einen geordneten Zustand,
oberhalb einer kritischen Temperatur, der Neél-Temperatur,
bricht die antiparallele Ordnung infolge Überwiegens der thermischen Energie zusammen.

Weißsche Bezirke und Wände treten unterhalb des Neélpunktes
ebenfalls auf, Bild 4.41 zeigt eine hier mögliche Anordnung
(Gegensatz zu Ferromagnetika).

Experimentell stellt man das Auftreten von Antiferromagnetismus durch den Verlauf der Suszeptibilität als Funktion der
Temperatur fest. Bild 4.42 zeigt den gefundenen Verlauf, der
durch das Auftreten eines Maximums gekennzeichnet ist. Man
kann diesen Verlauf qualitativ deuten, wenn man annimmt, daß
in (4.27) die Weißsche Konstante, welche die Wechselwirkung

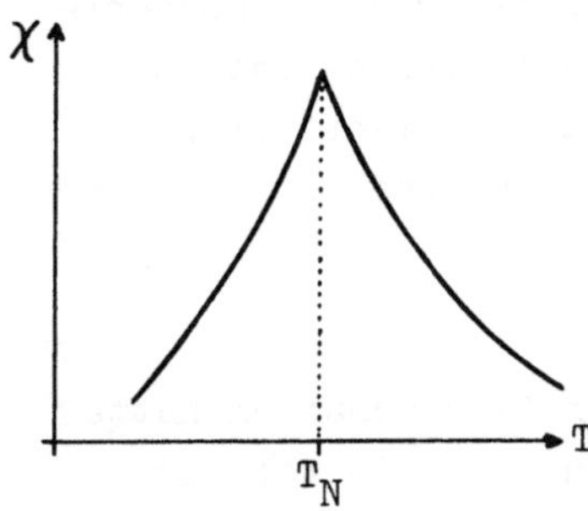

Bild 4.42. Suszeptibilität bei Antiferromagnetika

zwischen den Dipolen beschreibt, negativ ist.

Nach (4.27) hängt das an der Stelle eines Gitterbausteins wirksame Feld von der Magnetisierung M der Nachbaratome ab. Diese Magnetisierung wurde bisher durch einen Mittelwert über das g e s a m t e Gitter ersetzt. Das war zwar beim Ferromagnetismus statthaft, hier muß man jedoch anders vorgehen. Denn die Magnetisierung des gesamten Gitters ist null, und damit auch der Mittelwert; trotzdem hat aber die Umgebung eines herausgegriffenen Gitterbausteins einen Ordnungszustand. Man teilt daher das Gitter so in zwei (oder auch mehr) Teilgitter ⓐ und ⓑ ein, daß jedes Teilgitter in sich ferromagnetisch ist und alle nächsten Nachbarn eines Atoms zu anderen Teilgittern gehören (Bild 4.40b). Dann hängt das innere Feld an der Stelle eines Atoms im ⓐ - Gitter nur von der Magnetisierung des ⓑ - Gitters ab. Man kann die beim Ferromagnetismus durchgeführten Überlegungen mit geringen Abweichungen wiederholen und damit den Verlauf der Suszeptibilität qualitativ deuten. Die Antiferromagnetika haben keine große technische Bedeutung erlangt, so daß dieses Verhalten lediglich in Übungsaufgabe 39 diskutiert werden soll.

Da sich jedoch ein ähnliches Prinzip auch bei den technisch wichtigen Ferriten wiederfindet, sei die Bedeutung des Vorzeichens von $\tilde{W}$ auf den Ordnungszustand durch einen Vergleich der Antiferro- und Ferromagnetika ausführlicher erläutert.

Das effektive Feld an der Stelle eines Atoms im ⓐ - Gitter ist bei beiden Substanzgruppen

$$\underline{H}_{eff}^{(a)} = \underline{H}_a + \tilde{W}\,\underline{M}^{(b)} \ .$$

Für die Energie eines Dipols in diesem effektiven Feld gilt

$$w^{(a)} = - \mu_o\,\underline{p}^{(a)}\,\underline{H}_{eff}^{(a)} = - \mu_o\,\underline{p}^{(a)}\,\underline{H}_a - \mu_o\,\tilde{W}\underline{p}^{(a)}\,\underline{M}^{(b)} \ .$$

Beim Ferromagnetismus ist $\tilde{W} > 0$. Bei Vernachlässigung des äußeren Feldes ergibt sich dann der tiefste Energiezustand, wenn

$\underline{p}^{(a)}$ und $\underline{M}^{(b)}$ parallel stehen. Beim Antiferromagnetismus dagegen ist $\widetilde{W} < 0$; die Energie wird dann am kleinsten, wenn $\underline{p}^{(a)}$ und $\underline{M}^{(b)}$ antiparallel sind. D.h., der Antiferromagnetismus ist durch das Vorzeichen der Weißschen Konstante bedingt.

4.7. Ferrimagnetismus

4.7.1. Prinzip und Einteilung

Antiferromagnetismus stellt einen Spezialfall des Ferrimagnetismus dar. Ist bei antiparalleler Orientierung der Dipole

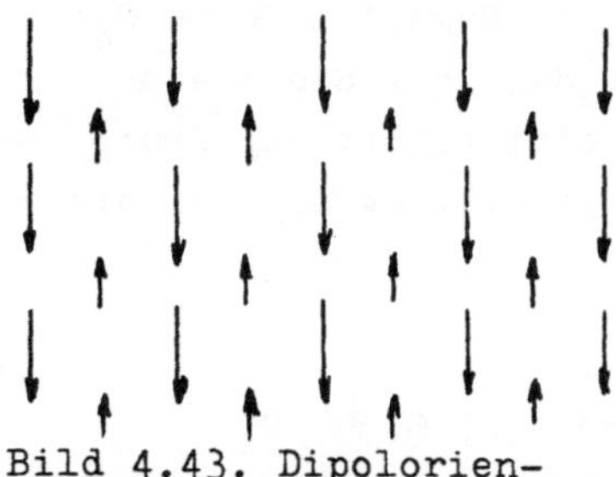

Bild 4.43. Dipolorientierung bei Ferrimagnetismus, schematisch

das Moment des einen Teilgitters größer als das des anderen, resultiert trotz der antiparallelen Einstellung eine spontane Magnetisierung (Bild 4.43). Die verschiedene Größe der Magnetisierungen kann entweder durch eine verschiedene Anzahl der Atome in beiden Teilgittern hervorgerufen werden oder durch eine verschiedene Größe des Moments der einzelnen Gitterbausteine. Ferrimagnetika verhalten sich in ihren magnetischen Eigenschaften ähnlich wie ferromagnetische Materialien, auch hier gibt es Domänen und Wände. Quantitativ machen sich jedoch Unterschiede bemerkbar. So kann beispielsweise die Temperaturabhängigkeit der spontanen Magnetisierung recht abenteuerliche Formen annehmen; die beiden Teilgitter können eine verschiedene Temperaturabhängigkeit der spontanen Magnetisierung aufweisen, so daß bei tiefen Temperaturen die Magnetisierung in der einen Richtung, bei hohen Temperaturen jedoch diejenige in der entgegengesetzten Richtung überwiegt (beide Teilgitter haben d i e s e l b e Neél-Temperatur). Ein Dauermagnet (Kompaßnadel) aus diesem Material vertauscht mit steigender Temperatur Nord- und Südpol. Auf Einzelheiten solcher pathologischer Kurvenformen soll jedoch nicht eingegangen werden, obwohl sich auch hier ein weites Feld für Übungsaufgaben bieten würde.

Die technische Bedeutung der Ferrimagnetika liegt nicht in der teilweise antiparallelen Orientierung - diese verringert ja die resultierende Magnetisierung, verglichen mit einem entsprechenden Ferromagnetikum -, sondern in der Tatsache, daß sie zu den Halbleitern gehören und damit einen hohen spezifischen Widerstand ($10^2\ldots10^6\Omega$ cm) haben, verglichen beispielsweise mit Eisen ($10^{-5}\Omega$ cm). Wegen der damit verbundenen geringen Wirbelstromverluste eignen sich Ferrite vorzugsweise für Anwendungen oberhalb einiger Megahertz, zumal die dielektrischen Verluste in diesem Frequenzbereich niedrig sind. Diese Vorteile überwiegen den Nachteil geringerer Sättigungsmagnetisierung.

Die Einteilung der Ferrite erfolgt nach ihrer Kristallstruktur. Der historisch älteste Ferrit ist das Magnetit $Fe\,Fe_2\,O_4$; von ihm berichtet Thales um 600 v. Chr., daß „der Stein eine Seele hat, die das Eisen anzieht". Magnetit gehört zur Gruppe der Ferrite mit S p i n e l l - Struktur (Spinell: $Mg\,Al_2\,O_4$), die allgemein die Zusammensetzung

$$Me^{++}\,Fe_2\,O_4$$

haben; hier bedeutet Me ein Metall, also z.B. $Mn\,Fe_2\,O_4$.

Als nächstes sind die Ferrite mit h e x a g o n a l e r Struktur zu nennen. Als Beispiel für die allgemeine Struktur

$$Ba_2\,Me_2\,Fe_{12}\,O_{22}$$

sei $Ba_2\,Mn_2\,Fe_{12}\,O_{22}$ genannt.

Weiter gibt es Ferrite mit G r a n a t - Struktur,

$$Mn_3\,Al_2\,Si_3\,O_{12}\quad\text{(Granat)}.$$

Ein Beispiel für diese Gruppe ist $Y_3\,Fe_5\,O_{12}$.

4.7.2. Hochfrequenzeigenschaften

Die Anwendung von Ferriten im Hochfrequenzbereich macht es erforderlich, neben dem bisher ausschließlich betrachteten statischen Verhalten auch die mit der Drehung der Magnetisierung verknüpften dynamischen Eigenschaften zu diskutieren.

Als erstes ist zu formulieren, wie eine zeitliche Änderung der Magnetisierung, $\dot{\underline{M}}$, zustande kommt. Zunächst gab (4.4) den Einfluß eines Drehmoments auf einen einzelnen Dipol an; der Zusammenhang zwischen magnetischem Moment und Drehimpuls wird durch (4.17) und (4.18) mit $g = 2$ (nur Spinmoment!) beschrieben; die zeitliche Änderung $\dot{\underline{p}}_m$ des Drehimpulses durch das Drehmoment bestimmt (4.21). Aus diesen Gleichungen ergibt sich nach einem Übergang vom Einzeldipol zur Magnetisierung

$$\dot{\underline{M}} = -\mu_0 \Gamma \underline{M} \times \underline{H} \quad . \tag{4.60}$$

Durch Bildung des Skalarproduktes mit $\underline{M}$ kann man zeigen, daß der Betrag $|M|$ zeitunabhängig ist. Entsprechend ergibt sich durch skalare Multiplikation mit $\underline{H}$, daß

$$\frac{d}{dt} \underline{H}\,\underline{M} = 0$$

gilt. Aus beiden Ergebnissen folgt, daß $\underline{M}$ auf einem Kreis um $\underline{H}$ eine Präzession ausführt (Bild 4.44), vgl. auch Abschnitt 4.3.

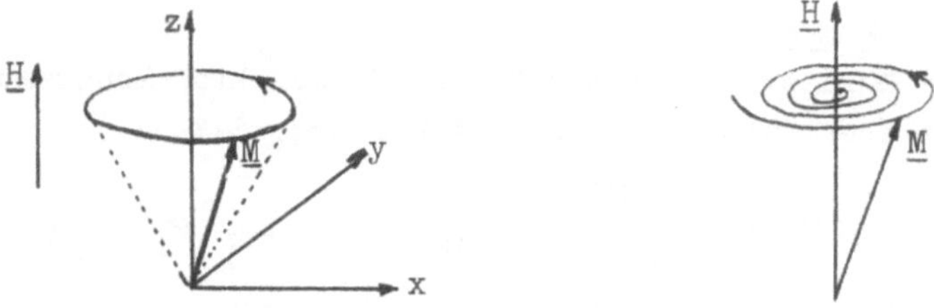

Bild 4.44. Präzession ohne Dämpfung

Bild 4.45. Präzession mit Dämpfung

Wäre (4.60) exakt gültig, würde die Komponente M_H in Richtung des Feldes überhaupt nicht geändert werden; d.h., es würde kein „Hineindrehen" in die Feldrichtung erfolgen*). Tatsächlich ist die Präzession jedoch „gedämpft" in dem Sinne, daß der Umlauf des Vektors $\underline{M}$ nicht auf einer Kreisbahn, also mit konstantem Radius, erfolgt, sondern auf einer sich verengenden Spirale (Bild 4.45), so daß schließlich $\underline{M}$ und $\underline{H}$ in dieselbe Richtung weisen. Dabei bleibt der Betrag von $\underline{M}$ zeitlich konstant.

Eine solche Dämpfung kann beispielsweise durch Wechselwirkung mit Gitterschwingungen zustande kommen. Ohne jedoch auf die physikalischen Vorgänge näher einzugehen, kann man die Dämpfung in phänomenologischer Weise beschreiben, wenn man weiter annimmt, daß der Betrag des Dämpfungsdrehmomentes $\underline{\tilde{T}}_d$ proportional der zeitlichen Änderung des Drehimpulses ist,

*) Es mag hier zunächst befremdend erscheinen, daß man ein vollständiges Hineindrehen der Magnetisierung in die Feldrichtung erwartet im Gegensatz zum Paramagnetismus (Abschnitt 4.4), wo von einem Hineindrehen in keiner Weise die Rede sein konnte. Tatsächlich gilt auch hier für die Verteilungsfunktion der Boltzmannfaktor. Es ist jedoch zu beachten, daß nun nicht mehr ein einzelner D i p o l , sondern eine gesamte D o m ä n e im Feld ausgerichtet wird, so daß der im Boltzmannfaktor auftretende Energieterm W groß gegenüber kT ist.

$$\left|\underline{\widetilde{t}}_d\right| \equiv \frac{\left|\underline{\widetilde{T}}_d\right|}{V} = \gamma\frac{\left|\underline{\dot{p}}_m\right|}{V} = \frac{\gamma}{\Gamma}\left|\underline{\dot{M}}\right| \quad , \quad \gamma \ll 1 \; ; \tag{4.61}$$

$\underline{\widetilde{t}}_d$ ist das Dämpfungsdrehmoment pro Volumeneinheit. Die Dämpfungskonstante γ liegt in der Größenordnung 0,1...0,01.

Es läßt sich zeigen, daß die verlangten Dämpfungseigenschaften durch die Bewegungsgleichung

$$\underline{\dot{M}} = -\mu_0\,\Gamma\,\underline{M}\times\underline{H} - \frac{\mu_0\gamma\Gamma}{M}\,\underline{M}\times(\underline{M}\times\underline{H}) \tag{4.62}$$

beschrieben werden. Mit der Umformung

$$\underline{M}\times(\underline{M}\times\underline{H}) = \underline{M}(\underline{M}\,\underline{H}) - \underline{H}\,M^2$$

zeigt skalare Multiplikation mit $\underline{M}$, daß M^2 zeitlich konstant ist. Nach skalarer Multiplikation mit $\underline{H}$ folgt, daß

$$\frac{d}{dt}\frac{(\underline{H}\,\underline{M})}{H\,M} = \mu_0\gamma\Gamma H\left[1 - \frac{(\underline{H}\,\underline{M})^2}{H^2\,M^2}\right] = \mu_0\gamma\Gamma H\left[1 - \cos^2\Theta\right] > 0 \tag{4.63}$$

sein muß. Das bedeutet aber wegen $(\underline{H}\,\underline{M}) = H\,M\cos\Theta$, daß der Winkel Θ zwischen $\underline{H}$ und $\underline{M}$ im Laufe der Zeit abnimmt.

Man kann weiter aus (4.63) die Einstellungsgeschwindigkeit des stationären Zustandes bei Anlegen eines Magnetfeldes abschätzen, also die Relaxationszeit τ_m bestimmen. Nimmt man an, daß zur Zeit $t = 0$ ein konstantes Magnetfeld $\underline{H}$ senkrecht zu $\underline{M}$ eingeschaltet wird, liefert (4.63) mit

$$Y = \frac{(\underline{H}\,\underline{M})}{H\,M} = \cos\Theta$$

die Differentialgleichung

$$\frac{dY}{dt} = \mu_0\gamma\Gamma H\,(1 - Y^2) \, ,$$

die unter Berücksichtigung der Anfangsbedingung $Y(0) = 0$ die Lösung

$$Y = \tanh\!\left(\frac{t}{\tau_m}\right) \quad \text{mit} \quad \frac{1}{\tau_m} = \mu_0\gamma\Gamma H$$

hat. Der stationäre Zustand stellt sich mit der magnetfeld- und dämpfungsabhängigen Relaxationszeit τ_m ein. Mit $\gamma \approx 0,05$ ergibt sich z.B. für $H = 1\,000\ \text{Øe}$ der Wert $\tau_m \approx 10^{-9}$ s.

Im Hinblick auf die Verwendung der Ferrite in der Mikrowellentechnik als Richtungsleiter sei nun der Fall diskutiert, daß das angelegte Magnetfeld aus einem zeitlich konstanten Anteil H_o in z - Richtung und einem zeitlich variablen Anteil in x - und y - Richtung, h_x und h_y, besteht, also

$$\underline{H} = (\underline{h}_x, \underline{h}_y, H_o) \quad \text{mit} \quad |\underline{h}_x|, |\underline{h}_y| \ll H_o \; . \tag{4.64}$$

$\underline{h}_x$ und $\underline{h}_y$ sollen die Zeitabhängigkeit $\exp(j\omega t)$ haben.

Nach Einschalten des Gleichfeldes H_o wird sich infolge der oben beschriebenen Dämpfung die zeitlich konstante Komponente M_o der Magnetisierung in die Richtung von H_o, also in z - Richtung, einstellen. Man wird daher die Magnetisierung $\underline{M}$ nach Ablauf des Einschaltvorganges in der Form

$$\underline{M} = (\underline{m}_x, \underline{m}_y, M_o) \tag{4.64a}$$

ansetzen, wobei die Magnetisierungen m_x und m_y dieselbe Frequenzabhängigkeit wie das magnetische Wechselfeld haben sollen und klein gegenüber M_o sind.

Um zunächst einen Überblick über die zu erwartenden Verhältnisse zu erlangen, sei der Einfluß der Dämpfung auf die Wechselkomponenten vernachlässigt, also (4.60) zugrunde gelegt.

Mit den Ansätzen (4.64) und (4.64a) ergeben sich in Komponentenschreibweise bei Vernachlässigung der von zweiter Ordnung kleinen Produkte $\underline{m}_x \underline{h}_y$, $\underline{m}_y \underline{h}_x$ die Gleichungen

$$j\omega \underline{m}_x = -\mu_o \, \Gamma \left(\underline{m}_y H_o - \underline{h}_y M_o \right) \quad ; \quad j\omega \underline{m}_y = -\mu_o \, \Gamma \left(M_o \underline{h}_x - \underline{m}_x H_o \right)$$

Damit hat man zwei Gleichungen zur Bestimmung von $\underline{m}_x$ und $\underline{m}_y$. Die Lösung dieses Gleichungssystems liefert mit den Kürzungen

$$\omega_o = \mu_o \Gamma H_o \quad ; \quad \mu_{11} - 1 = \frac{\omega_o \mu_o \Gamma M_o}{\omega_o^2 - \omega^2} \quad ; \quad \mu_{12} = \frac{\omega \mu_o \Gamma M_o}{\omega_o^2 - \omega^2} \tag{4.65}$$

die Gleichungen

$$\underline{m}_x = (\mu_{11} - 1) \underline{h}_x + j\mu_{12} \underline{h}_y$$

$$\underline{m}_y = -j\mu_{12} \underline{h}_x + (\mu_{11} - 1) \underline{h}_y$$

oder mit (4.8)

$$\left. \begin{aligned} \underline{b}_x &= \mu_o \left[\mu_{11} \underline{h}_x + j\mu_{12} \underline{h}_y \right] \\ \underline{b}_y &= \mu_o \left[-j\mu_{12} \underline{h}_x + \mu_{11} \underline{h}_y \right] . \end{aligned} \right\} \tag{4.66}$$

Man sieht zunächst, daß die Magnetisierung in x - Richtung auch von dem Magnetfeld in y - Richtung abhängt. Das bedeutet, daß die Permeabilität nicht mehr eine skalare Größe ist, sondern bei der Beschreibung des dynamischen Verhaltens als Tensor aufgefaßt werden muß. Das gilt für die frequenzabhängigen Terme, obwohl das Material an sich als isotrop angesehen wurde.

Die Beziehung (4.9) ist für die mit der Kreisfrequenz ω variierenden Zusatzkomponenten daher in der Form

$$\begin{pmatrix} \underline{m}_x \\ \underline{m}_y \\ \underline{m}_z \end{pmatrix} = \begin{pmatrix} \chi_{11} & \chi_{12} & \chi_{13} \\ \chi_{21} & \chi_{22} & \chi_{23} \\ \chi_{31} & \chi_{32} & \chi_{33} \end{pmatrix} \cdot \begin{pmatrix} \underline{h}_x \\ \underline{h}_y \\ \underline{h}_z \end{pmatrix}$$

zu schreiben. Ein Vergleich mit (4.66) zeigt, daß der Permeabilitätstensor unter Berücksichtigung von (4.10a) die Gestalt

$$\mu_r = \begin{pmatrix} \mu_{11} & j\mu_{12} & 0 \\ -j\mu_{12} & \mu_{11} & 0 \\ 0 & 0 & 1 \end{pmatrix} \tag{4.67}$$

annimmt. Dieser Tensor ist antimetrisch. Das ist eine notwendige Bedingung dafür, daß ein Bauelement nichtreziprok arbeitet. Um als Beispiel hierfür die Anwendung von Ferriten als Richtungsleiter für zirkular polarisierte Wellen zu erläutern, soll untersucht werden, welche Permeabilität ein rechts- bzw. linksdrehendes Feld „sieht".

Zunächst ist zu zeigen, wie zirkular polarisierte Wellen in der komplexen Schreibweise darzustellen sind.

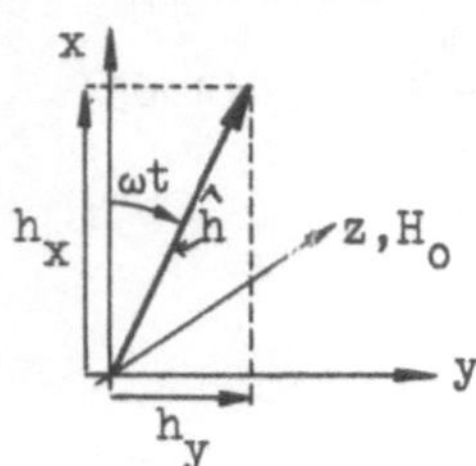

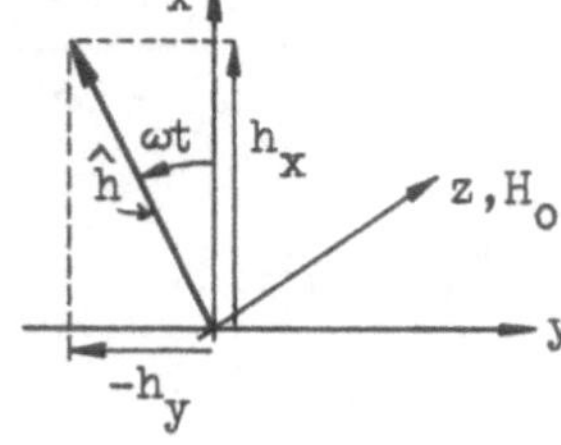

Bild 4.46. Rechts-
drehendes Feld

Bild 4.47. Links-
drehendes Feld

Bild 4.46 zeigt eine in Bezug auf die +z - Richtung rechtsdrehende Welle. Es ist

$$h_x = \hat{h} \cos \omega t = \mathrm{Re}\left(\hat{h} \exp(j\omega t)\right) = \mathrm{Re}(\underline{h}_x) \ ,$$

$$h_y = \hat{h}\sin\omega t = \mathrm{Re}\left(-j\,\hat{h}\exp(j\omega t)\right) = \mathrm{Re}(\underline{h}_y) \quad .$$

Daraus folgt für die rechtsdrehende Welle

$$\underline{h}_y = -j\,\underline{h}_x \quad . \tag{4.68}$$

Durch eine entsprechende Überlegung findet man für ein linksdrehendes Feld (Bild 4.47) den Zusammenhang

$$\underline{h}_y = j\,\underline{h}_x \quad . \tag{4.69}$$

Man kann nun für diese Wellen eine „effektive" Permeabilität finden, indem man (4.68) bzw. (4.69) in (4.66) einsetzt. Für die rechtsdrehende Welle (4.68) ergibt sich

$$\underline{b}_x = \mu_0\mu_{\mathrm{eff}}^{(r)}\underline{h}_x \;;\; \underline{b}_y = \mu_0\mu_{\mathrm{eff}}^{(r)}\underline{h}_y \;;\; \mu_{\mathrm{eff}}^{(r)} = \mu_{11}+\mu_{12} \quad . \tag{4.70}$$

Für ein linksdrehendes Feld folgt unter Verwendung von (4.69)

$$\underline{b}_x = \mu_0\mu_{\mathrm{eff}}^{(l)}\underline{h}_x \;;\; \underline{b}_y = \mu_0\mu_{\mathrm{eff}}^{(l)}\underline{h}_y \;;\; \mu_{\mathrm{eff}}^{(l)} = \mu_{11}-\mu_{12} \quad . \tag{4.71}$$

Die ersten beiden Gleichungen (4.70) und (4.71) bedeuten, daß sich das Material für die betreffende Wellenform so verhält, als hätte es eine skalare Permeabilitätszahl $\mu_{\mathrm{eff}}^{(r)}$ bzw. $\mu_{\mathrm{eff}}^{(l)}$. Für beide Drehrichtungen sind verschiedene effektive Permeabilitäten wirksam. Mit (4.65) folgt aus den letzten Gleichungen (4.70) und (4.71)

$$\left.\begin{aligned}
\mu_{\mathrm{eff}}^{(r)} &= 1 + \mu_0\,\Gamma M_0\,\frac{1}{\omega_0-\omega} \\[2mm]
\mu_{\mathrm{eff}}^{(l)} &= 1 + \mu_0\,\Gamma M_0\,\frac{1}{\omega_0+\omega} \quad .
\end{aligned}\right\} \tag{4.72}$$

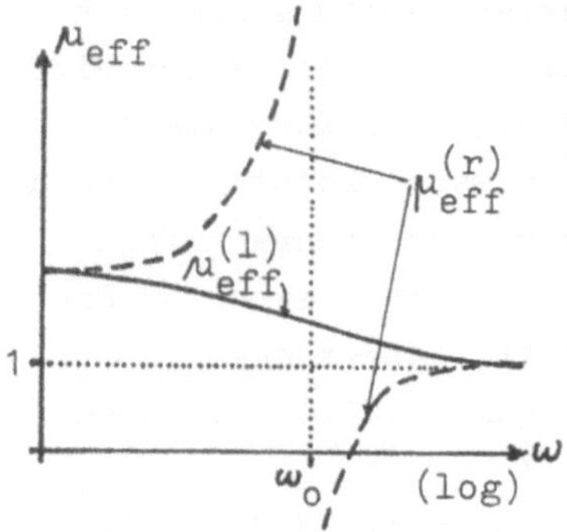

Bild 4.48. μ_{eff} als Funktion der Frequenz

Beide Größen sind in Bild 4.48 in Abhängigkeit von der Frequenz dargestellt. In der Nähe der Resonanzstelle ω_0 ergibt sich in beiden Fällen ein wesentlich verschiedenes Verhalten.

Das Unendlichwerden der Permeabilität ist auf die Vernachlässigung der Dämpfung zurückzuführen. Die Dämpfung kann berücksichtigt werden, wenn man statt (4.60) die Gleichung (4.62) zugrunde legt.

Das ist in Übungsaufgabe 40 durchzuführen.

Es zeigt sich dabei, daß - wie aufgrund des Bildes 4.48 zu erwarten - das rechtsdrehende Feld in der Umgebung der Resonanzstelle wesentlich stärker gedämpft wird als das linksdrehende Feld. Das ist der Fall, in welchem der Drehungssinn des Feldes mit der Präzession um das Magnetfeld synchron läuft[*]).

Diesen Effekt nutzt man aus, um in Hohlleitern im Mikrowellenbereich nichtreziproke Durchlässigkeit zu erzielen. Bild 4.49 zeigt das Schema: in einem rechteckigen Hohlleiter wird die Ausbreitung einer TE - Welle betrachtet, also einer Welle, die eine H - Komponente in Ausbreitungsrichtung (y - Richtung) hat. In diesem Hohlleiter gibt es eine Ebene (schraffiert), in welcher die transversale und die longitudinale H - Komponente eine zirkular polarisierte Welle bezüglich $\underline{H}_o$ bilden. Hin- und rücklaufende Welle unterscheiden sich durch den Drehungssinn. Bringt man in dieser Ebene den Ferrit an und legt ein stationäres Magnetfeld H_o an, erfährt die hinlaufende Welle nur eine geringe Dämpfung (etwa 0,5...1 dB), während die rücklaufende Welle stark gedämpft wird (etwa 40 dB).

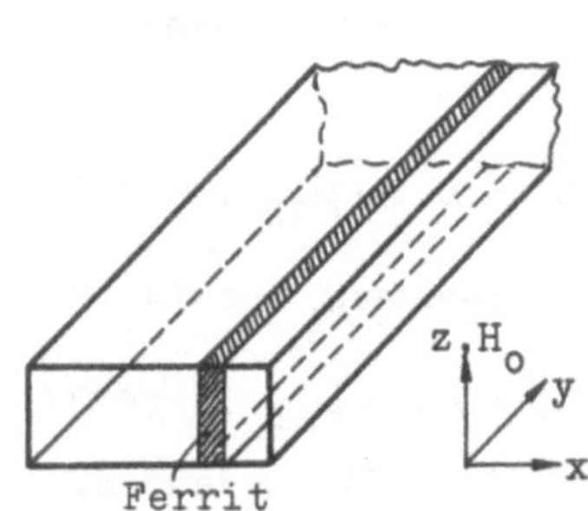

Bild 4.49. Richtungsleiter

4.7.3. Dynamisches Verhalten der Hysteresekurve

Mit der in Abschnitt 4.7.2 eingeführten Dämpfung kann man auch qualitativ die Frequenzabhängigkeit der Hystereseschleife verstehen. Es war gezeigt, daß ein wesentlicher Kurventeil durch irreversible Wandverschiebungen zustande kommt. Aufgrund der eingeführten Dämpfung erfolgen Wandverschiebungen nicht beliebig schnell, so daß bei hinreichend hohen Frequenzen die Wandverschiebungen nicht mehr den Magnetfeldänderungen zu folgen vermögen. Zunächst sei diese Überlegung qualitativ formuliert.

An einen Ferrit werde ein so starkes Magnetfeld $\underline{H}$ angelegt, daß irreversible Wandverschiebungen auftreten. Es soll abge-

[*]) Man mache sich dies anschaulich anhand des Bildes 4.44 klar.

schätzt werden, mit welcher Geschwindigkeit beispielsweise eine
180° - Wand durch den Kristallit läuft. Bild 4.50 zeigt das verwendete Modell.

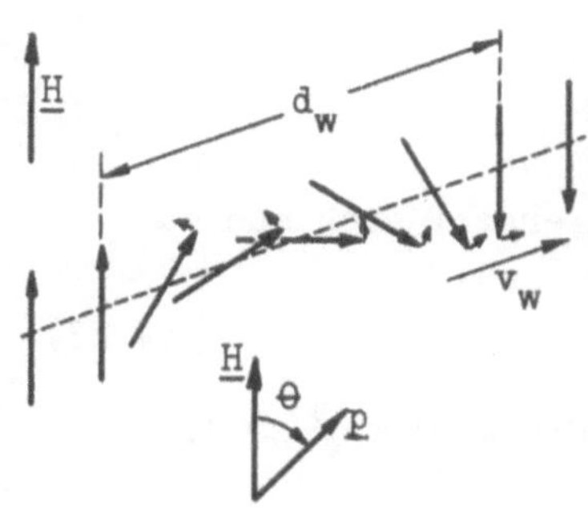

Bild 4.50. Zur Wande-
rungsgeschwindigkeit
einer 180° - Wand

Zur Zeit $t = 0$ möge die Wand
(Dicke d_w) die skizzierte Lage haben. Wenn infolge eines angelegten
Magnetfeldes $\underline{H}$ der energetisch günstigere Bereich wächst, muß die
Wand nach rechts laufen, ihre Wanderungsgeschwindigkeit sei v_w. Das
Laufen der Wand geht so vor sich,
daß jeder Dipol innerhalb der Wand
etwas aus der eingezeichneten Lage
gedreht wird. Zu einer solchen Drehung ist infolge der „viskosen
Dämpfung" eine Energie erforderlich, formal genau so wie für eine
translatorische Bewegung in einer zähen Flüssigkeit.

Durch die Ausrichtung der Dipole in die energetisch günstigere Lage nimmt die Dipolenergie ab, d.h. es wird Energie frei;
diese Energie wird durch die „Reibung" aufgebraucht: Gleich-
setzen beider Energieterme liefert einen Ausdruck für die Wanderungsgeschwindigkeit der Wand.

Zur Durchführung der Rechnung geht man von dem Dämpfungsan-
satz (4.61) aus. In diesem Fall ist

$$\left|\underline{\dot{M}}\right| = M\left|\frac{d\theta}{dt}\right|$$

(Bild 4.50), wobei θ den Winkel zwischen Magnetfeld und Dipol
bedeutet. Wenn man mit t_w die Zeit bezeichnet, welche die Wand
benötigt, um über einen Dipol hinüberzulaufen, also den Dipol
um π zu drehen, so ist

$$\theta(t) = \pi\left(1 - \frac{t}{t_w}\right) \quad \text{für} \quad 0 < t < t_w .$$

Damit wird das Drehmoment pro Volumeneinheit

$$\left|\underline{\tilde{t}}_d\right| = \frac{\gamma\,\pi}{\Gamma\,t_w} M .$$

Die Energie pro Volumeneinheit w_d, die mit diesem Drehmoment verbunden ist, wird - analog zum translatorischen Fall $W = \int K\,ds$ -

$$w_d = \int_0^{\pi} |\tilde{t}_d| \, d\Theta = \frac{\gamma \, \pi^2 \, M}{\Gamma \, t_w} \ .$$

Diese „Reibungsenergie" muß von der Abnahme der Dipolenergie im Feld, $2 \mu_o \, H M$, gedeckt werden, also

$$\frac{\gamma \, \pi^2 \, M}{\Gamma \, t_w} = 2 \mu_o \, H M \ .$$

Die Wanderungsgeschwindigkeit der Wand ergibt sich nun zu

$$v_w = \frac{d_w}{t_w} = \frac{2 \, \Gamma \, d_w}{\gamma \, \pi^2} \, \mu_o \, H \ . \tag{4.73}$$

Setzt man zur Abschätzung der Größenordnung etwa $\gamma = 0{,}1$, $H = 10 \, \varnothing e$, $d_w = 1\,000 \, \overset{o}{A}$, erhält man

$$v_w = 36 \text{ m/s} \ .$$

Mit diesem Wert kann man beispielsweise die Schaltzeiten von Ferritkernen grob abschätzen. Man verwendet Ferritringe (Durchmesser von der Größenordnung mm) mit möglichst rechteckiger Hystereseschleife als Speicherelemente in Rechenmaschinen. Will man einen solchen Ferritring ummagnetisieren, müssen die Wände dabei Wege in der Größenordnung von 1/10 mm zurücklegen. Das bedingt mit der obigen Wanderungsgeschwindigkeit eine Schaltzeit t_{sch} von der Größenordnung

$$t_{sch} = \frac{10^{-2} \text{ cm}}{3{,}6 \cdot 10^3 \text{ cm/s}} \approx 3 \, \mu s \ .$$

Tatsächlich liegen die Schaltzeiten um etwa den Faktor 10 niedriger, so daß ein Wert von $\gamma \approx 10^{-2}$ die experimentellen Daten richtiger wiedergegeben hätte.

Die Gleichung (4.73) muß allerdings noch in einer Hinsicht ergänzt werden. Bei dieser Abschätzung war ein homogenes Material ohne Anisotropie und Verspannungen vorausgesetzt, so daß kein Schwellwert für das Einsetzen irreversibler Wandverschiebungen auftrat. Es war jedoch gezeigt, daß irreversible Wandverschiebungen tatsächlich erst oberhalb der Koerzitivfeldstärke in merklichem Maße auftreten können. Das wird in einfacher Weise berücksichtigt, indem man (4.73) in der Form

$$v_w = \text{const} \, (H - H_c) \quad \text{für } H > H_c \tag{4.74}$$

schreibt. Analog erhält man für die Feldstärkeabhängigkeit
der Schaltzeit die Formel

$$t_{sch} = \frac{C_{sch}}{H - H_c} \quad \text{für } H > H_c \, , \tag{4.75}$$

wobei C_{sch} eine empirisch zu bestimmende Konstante ist. Für
gute Ferrite liegt ihr Wert etwa bei $C_{sch} \approx 1\,\emptyset e\,\mu s$.

Die Schaltzeiten lassen sich wesentlich verringern, wenn
Wandverschiebungen vermieden werden. Das ist beispielsweise
in dünnen magnetischen Filmen (1 000 Å dick) der Fall. Parallel
zur Schichtoberfläche ist keine Wand vorhanden. Generell liegen die Richtungen leichter Magnetisierung in der Schichtebene.
Durch Aufdampfen der magnetischen Schicht in einem starken Feld
erreicht man, daß nur eine einzige leichte Richtung existiert.
Man erhält dann ein Material mit großer Anisotropie - Energie.
Wandverschiebungen treten praktisch nicht auf, sondern nur Drehungen der Magnetisierungsrichtungen. In solchen Fällen kann
man Schaltzeiten von etwa 10^{-9} s bei Feldstärken von einigen
$\emptyset$ersted erzielen (vgl. S. 118).

<u>4.8. Meßmethoden</u>

Als letztes ist ein Überblick über die Meßmethoden zu geben,
mit denen man die wesentlichsten Materialeigenschaften magnetischer Werkstoffe bestimmt. Im allgemeinen ist zu beachten,
daß die Permeabilität μ ebenso wie die Dielektrizitätskonstante ε eine komplexe Größe ist, wobei der Imaginäranteil die
Dämpfung beschreibt. Es sind also prinzipiell zwei Messungen
erforderlich, um Real- und Imaginärteil zu bestimmen. Spielt
außerdem auch noch die Dielektrizitätskonstante ε eine Rolle,
wären sogar vier Messungen erforderlich. Glücklicherweise kann
man in den meisten praktischen Fällen den Einfluß von ε eliminieren, indem man dafür sorgt, daß an der Stelle der Probe die
elektrische Feldenergie klein ist gegenüber der magnetischen;
bei niedrigen Meßfrequenzen bringt man die Probe in eine Spule, bei höheren Meßfrequenzen setzt man sie an das kurzgeschlos-
sene Ende eines Hohlleiters, da hier das Magnetfeld ein Maximum und das elektrische Feld ein Minimum hat.

4.8.1. Suszeptibilität von Para- und Diamagnetika

Zur Messung nutzt man im einfachsten Fall die Kraft aus, die auf eine Probe im inhomogenen Magnetfeld ausgeübt wird.

Multipliziert man (4.6) mit der Zahl der Dipole NV, die insgesamt in der Probe enthalten sind, erhält man die auf die Probe ausgeübte Kraft $K^{(Pr)}$. Mit (4.7) und (4.9) ergibt sich zunächst

$$K_i^{(Pr)} = \mu_0 \chi\, V \left[H_x \frac{\partial H_i}{\partial x} + H_y \frac{\partial H_i}{\partial y} + H_z \frac{\partial H_i}{\partial z} \right] .$$

Unter Verwendung von (4.11b) läßt sich beispielsweise die x-Komponente in der Form

$$K_x^{(Pr)} = \mu_0 \chi\, V \left[H_x \frac{\partial H_x}{\partial x} + H_y \frac{\partial H_y}{\partial x} + H_z \frac{\partial H_z}{\partial x} \right] = \frac{\mu_0 \chi\, V}{2} \frac{\partial H^2}{\partial x}$$

schreiben. Entsprechendes gilt für die anderen Komponenten, so daß man für die auf die gesamte Probe wirkende Kraft die Beziehung

$$\underline{K}^{(Pr)} = \frac{\mu_0 \chi\, V}{2}\, \mathrm{grad}\, H^2 \tag{4.76}$$

erhält. Das bedeutet, daß die Probe in derjenigen Richtung eine Kraft erfährt, in welcher der Betrag der Feldstärke am stärksten ansteigt. Diamagnetische Proben ($\chi < 0$) werden in das Gebiet geringer Feldstärke gezogen, paramagnetische Proben ($\chi > 0$) in das Gebiet höherer Feldstärke.

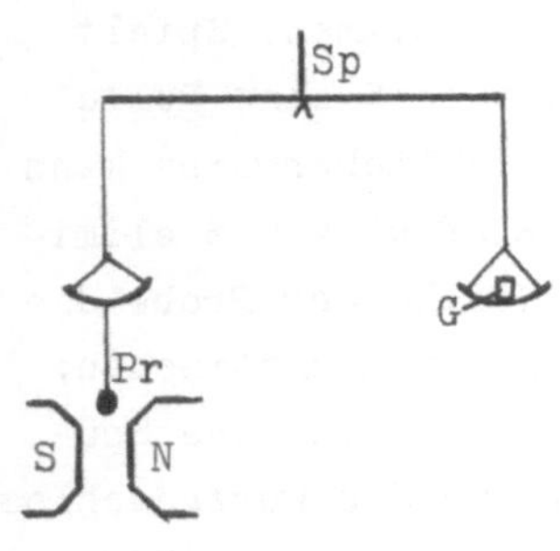

Bild 4.51. Magnetische Waage

Man kann z.B. die in Bild 4.51 skizzierte Anordnung verwenden: die Probe Pr hängt im inhomogenen Feld zwischen den Polen eines starken Elektromagneten an einem Arm einer Waage. Bei abgeschaltetem Magnetfeld sei die Waage austariert. Beim Einschalten werde die Probe beispielsweise in den Magneten hineingezogen. Durch Belasten der Waage mit Gewichten G kann man wieder Gleichgewicht herstellen, so daß sich die Probe wieder an der alten

Stelle befindet, wie man durch Beobachtung über den Spiegel Sp
feststellen kann. Damit ist die Kraft bestimmt. Den Feldgradi-
enten ermittelt man entweder durch Ausmessen oder durch Eichung
mit einem Probekörper bekannter Suszeptibilität.

Damit ist nur das Prinzip in seiner gröbsten Form beschrieben, für praktische Anwendungen werden eine Reihe von Verfei-
nerungen notwendig, auf deren Aufzählung jedoch an dieser Stelle verzichtet sei.

4.8.2. Magnetisierungskurve

Standardverfahren zur Ausmessung der Magnetisierungskurve
verwenden die ballistische Methode:
Bild 4.52 zeigt das Prinzip eines
Verfahrens, bei welchem die Probe
in Ringform vorliegen muß. Bei Einschalten des Stromes im Primärkreis
P wird im Sekundärkreis S ein Span-
nungsstoß induziert, der mit dem
ballistischen Galvanometer BG gemessen werden kann.

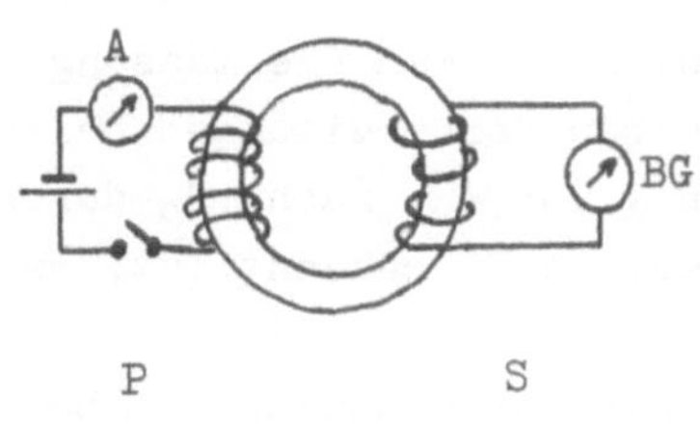

Bild 4.52. Ballistische
Methode, ringförmige
Probe

Die tatsächlich verwendete Schal-
tung ist komplizierter, weil man den Primärkreis nicht nur um-
polen will, sondern auch die Stromstärke in einer Richtung
sprunghaft ändern muß, um die gesamte Magnetisierungskurve auf-
nehmen zu können. Weiterhin ist es auch erforderlich, zur Eichung des ballistischen Galvanometers den Sekundärkreis durch
eine abschaltbare Eichvorrichtung zu erweitern.

Bei dieser Messung sind im einzelnen folgende Schritte
durchzuführen:

Das Magnetfeld H läßt sich aus dem mit dem Amperemeter A ge-
messenen Strom ermitteln.

Die Kraftflußdichte B $\sim \int U\,dt$ wird auf dem geeichten ballistischen Galvanometer BG abgelesen.

Vor jeder Messung muß die Probe durch ein Wechselfeld abneh-
mender Amplitude entmagnetisiert werden. Um die Hystereseschleife bei einer bestimmten Aussteuerung, beispielsweise zwischen

$- H_1$ und $+ H_1$ (Bild 4.53), auszumessen, wird die Schleife durch Umschalten zwischen diesen Werten mehrmals durchlaufen, wobei das Galvanometer kurzzuschließen ist. Dann erfolgt eine Messung bei Umschaltung von $+ H_1$ nach $- H_1$. Die am Galvanometer abgelesene Änderung der Kraftflußdichte ist $\Delta B = 2 B_1$. Damit sind die beiden Eckpunkte der Hysteresekurve festgelegt.

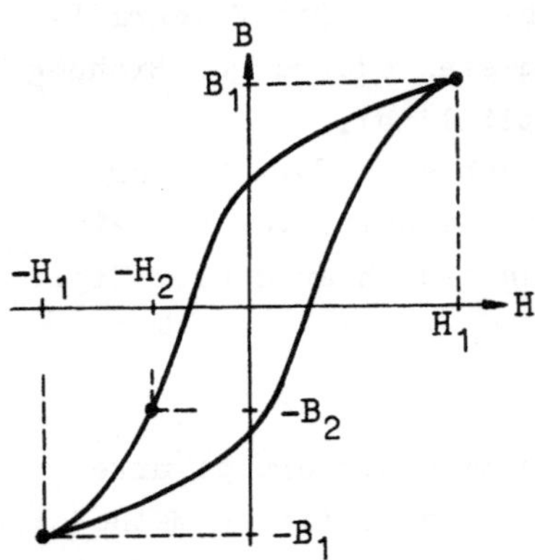

Bild 4.53. Einzelschritte zur Bestimmung der Hystereseschleife

Will man einen Punkt beispielsweise auf dem absteigenden Ast bei $-H_2$ messen, führt man die Messung nach denselben Vorbereitungen bei einem Sprung von $+H_1$ nach $-H_2$ durch und liest die Differenz $\Delta B = B_1 + |B_2|$ ab. Da B_1 bekannt ist, hat man damit auch B_2 gewonnen.

Auf diese Weise läßt sich die Hysteresekurve punktweise bestimmen.

Die etwas mühsame Herstellung der ringförmigen Probe und das Aufbringen der Windungen kann man vermeiden, wenn die Probe in

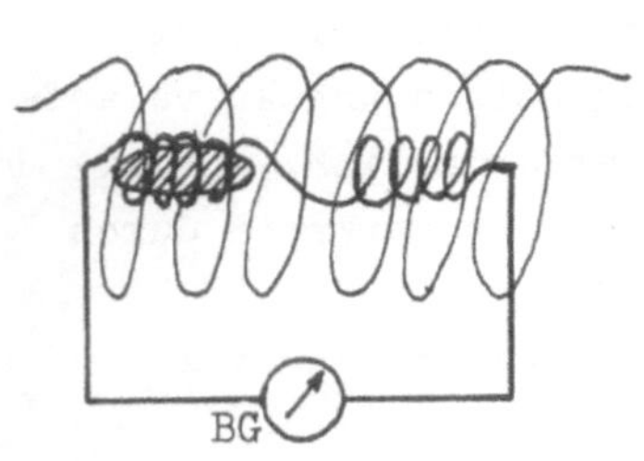

Bild 4.54. Ballistische Methode, ellipsoidförmige Probe

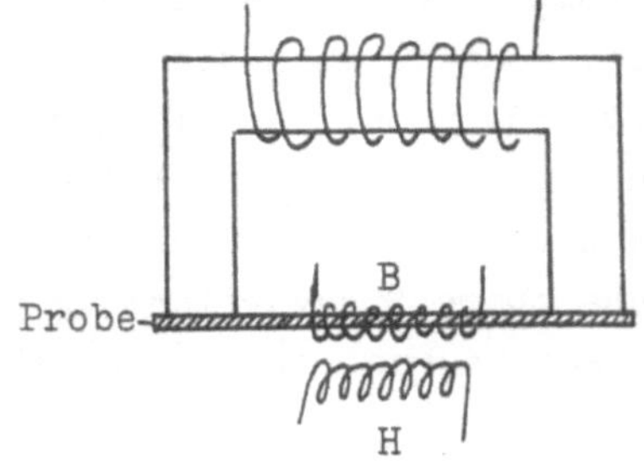

Bild 4.55. Ballistische Methode mit Elektromagnet

Stäbchen- oder Ellipsoidform vorliegt. Man kann die Probe dann in das Innere einer langgestreckten Zylinderspule bringen [12] (Bild 4.54). Die Probe ist von einer Meßspule möglichst eng umschlossen, hinter welche eine gleich große, jedoch entgegengesetzt gewickelte Spule geschaltet ist. Durch letztere wird erreicht, daß eine Änderung im statischen Feld der Zylinderspule keinen Ausschlag des Galvanometers hervorruft. Bei der

Auswertung dieser Messung ist der Entmagnetisierungsfaktor zu berücksichtigen.

Eine weitere Möglichkeit besteht darin, daß man die Probe an die Pole eines Elektromagneten klemmt und mit zwei Spulen Magnetfeld und Induktion bestimmt (Bild 4.55). Hierbei ist die „H‑Spule" möglichst dicht neben der „B‑Spule" anzubringen. Auch zu dieser Methode gibt es eine Reihe von verschiedenen Varianten [6].

Eine schnelle, aber im allgemeinen weniger genaue Aufzeichnung der Hystereseschleife ist mit dem Oszillographen möglich (Bild 4.56). Dabei ist zu berücksichtigen, daß die im Sekundärkreis induzierte Spannung proportional $\dot{B}$ ist, so daß eine integrierende Schaltung verwendet werden muß, um eine y‑Ablenkung proportional B zu erhalten. Das wird im einfachsten Fall durch einen Kondensator erreicht.

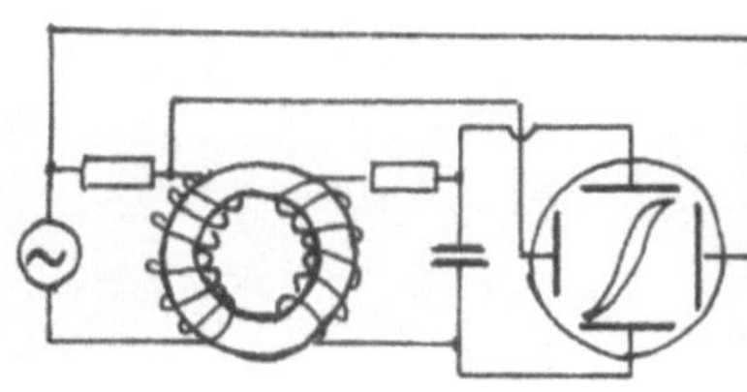

Bild 4.56. Wechselstrommessung mit Oszillographen

Damit ist bereits das erste Beispiel einer Wechselstrommethode angeführt. Zur Bestimmung der Verluste und der Frequenzabhängigkeit kann man eine der bekannten Brückenmethoden verwenden, Bild 4.57 zeigt eine Anordnung. Auch hier gibt es eine Reihe von Variationsmöglichkeiten. Bei dieser Methode erhält man nicht die Hysteresekurve, sondern für gegebene Aussteuerung und Frequenz lediglich Mittelwerte. Die Permeabilität kann man aus L und den Probendimensionen bestimmen, die Feldstärke aus Windungszahl und

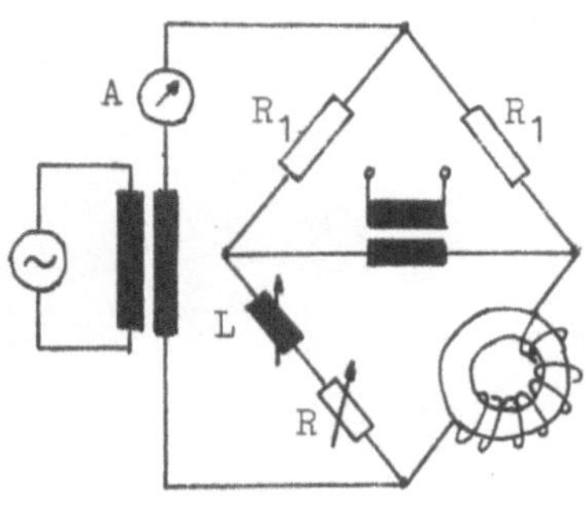

Bild 4.57. Messung mit Wechselstrombrücke

Stromstärke. Die Verluste ergeben sich aus R.

In höheren Frequenzbereichen, die besonders für Ferrite von Interesse sind, wird die erreichbare Meßgenauigkeit wesentlich durch Streukapazitäten herabgesetzt. Daher führt man in diesen

Frequenzbereichen die Messungen in Koaxial- oder Hohlraumre-
sonatoren durch. Ferner werden Methoden herangezogen, die Ähnlich der Messung der Dielektrizitätskonstanten (Abschnitt
3.9.4) stehende Wellen verwenden.

5. Übungsaufgaben

Die in Klammern gesetzten Zahlen geben den Abschnitt an, auf welchen sich die Übungsaufgabe im wesentlichen bezieht.

Aufgabe 1 (3.2)

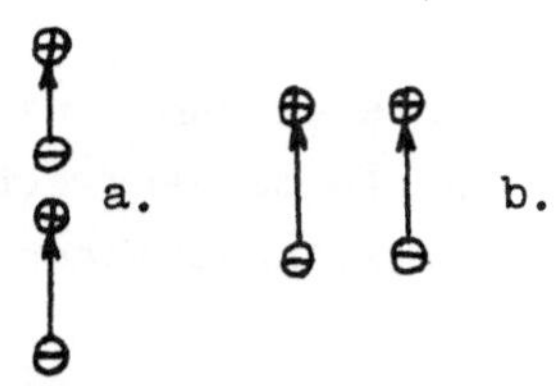

Bild 5.1. Zur Addition von Dipolmomenten

In Abschnitt 3.2 wurde behauptet, daß man das Dipolmoment der gesamten Probe durch Addition der Dipolmomente aller Moleküle erhält. Man zeige unter Zugrundelegung der in Abschnitt 3.2 angegebenen Definition des Dipols, daß für die in Bild 5.1 dargestellten Anordnungen das Dipolmoment des Gesamtsystems gleich der Summe der einzelnen Dipolmomente ist.

Aufgabe 2 (3.4.1)

In einem unendlich ausgedehnten Dielektrikum mit der Dielektrizitätszahl ε_r befinde sich ein kugelförmiger Hohlraum vom Radius a. In großem Abstand von dieser Kugel soll das konstante makroskopische Feld E_m herrschen, das in z – Richtung eines Polarkoordinatensystems liegen möge.

a. Man bestimme die Feldstärke im Innern der Kugel;

b. Man gebe die Formel in Vektorschreibweise an, so daß sie für beliebige Richtungen von $\underline{E}_m$ gilt.

Aufgabe 3 (3.4.1)

In einem unendlich ausgedehnten Dielektrikum mit der Dielektrizitätszahl ε_r befinde sich ein kugelförmiger Hohlraum vom Radius a. Im Mittelpunkt dieser Kugel sei ein einzelner Dipol mit dem festen Moment p.

a. Man berechne das elektrische Feld im Innern der Hohlkugel, wenn die Richtung des Dipols mit der z – Achse eines Polarkoordinatensystems zusammenfällt.

b. Man gebe die Formel in Vektorschreibweise an, so daß sie für beliebige Richtungen von $\underline{p}$ gilt.

c. Wie groß ist die Feldstärke im Innern der Kugel, wenn gleichzeitig ein äußeres Feld $\underline{E}_m$ in beliebiger Richtung angelegt wird?

Aufgabe 4 (3.4.2)

a. Ein gasförmiges Medium enthalte N freie Elektronen pro cm
   Man berechne unter Vernachlässigung der Dämpfung den Beitrag
   dieser Elektronen zur Dielektrizitätskonstanten als Funktion der Kreisfrequenz ω. Das lokale Feld ist gleich dem
   makroskopischen Feld zu setzen.
b. Das unter a. beschriebene Medium grenze an ein Vakuum. Aus
   diesem Vakuum trifft eine elektromagnetische Welle senkrecht
   auf die Grenzfläche. Man diskutiere das Reflexionsvermögen
   als Funktion der Frequenz.

Aufgabe 5 (3.4.2)

   In einem Metall befinden sich in der Volumeneinheit N freie
Elektronen. Unter Berücksichtigung der Dämpfung soll die komplexe Dielektrizitätskonstante und das Reflexionsvermögen für
den Grenzfall niedriger Frequenzen bestimmt werden. Das lokale
Feld sei gleich dem makroskopischen Feld $\underline{E}_m = \underline{\hat{E}}_m \exp(j\omega t)$.
a. Für den Spezialfall, daß die Elektronen nicht beschleunigt
   werden, drücke man die Dämpfung $\jmath$ durch die Leitfähigkeit σ
   aus.
b. Man berechne ε_r als Funktion der Frequenz. Das Ergebnis ist
   für $\omega \ll \jmath$ zu vereinfachen, die unter a. berechnete Leitfähigkeit ist einzuführen.
c. Man bestimme den Reflexionsfaktor für tiefe Frequenzen analog
   zu Aufgabe 4b.

Aufgabe 6 (3.4.2)

   In einem Vakuum befindet sich eine Metallkugel vom Radius a.
In großem Abstand von der Kugel ist ein konstantes elektrisches
Feld E_m in z – Richtung vorhanden. Die Metallkugel sei unendlich
gut leitend. Man berechne die Polarisierbarkeit α.

Aufgabe 7 (3.4.2)

   Eine aus zwei Atomsorten A und B aufgebaute Substanz hat die
in Bild 5.2 dargestellte Gitterstruktur mit $a = 5{,}63\,\text{Å}$. Es ist
nur die elektronische Polarisierbarkeit zu berücksichtigen.
   Wie groß ist ε_r bei niedrigen Frequenzen, wenn
a. die Polarisierbarkeit der Atome A und B gleich groß ist,

$$\alpha_A = \alpha_B = 10^{-36}\ \text{A s cm}^2\ \text{V}^{-1}$$

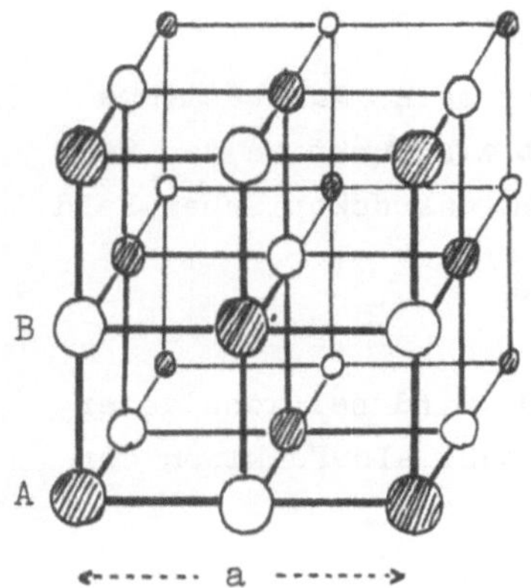

Bild 5.2. Gitterstruktur

b. die Polarisierbarkeit der Atome
A und B verschieden ist,
$$\alpha_A = 0,46 \cdot 10^{-36} \text{ A s cm}^2 \text{ V}^{-1}$$
$$\alpha_B = 3,32 \cdot 10^{-36} \text{ A s cm}^2 \text{ V}^{-1}.$$

__Aufgabe 8__ (3.4.3)

Eine Substanz ($N = 10^{22} \text{ cm}^{-3}$) weise eine elektronische Polarisierbarkeit

$$\alpha_e = 1,86 \cdot 10^{-35} \text{ A s cm}^2 \text{ V}^{-1}$$

und eine atomare Polarisierbarkeit

$$\alpha_a = 7,2 \cdot 10^{-36} \text{ A s cm}^2 \text{ V}^{-1}$$

auf.

a. Welchen statischen Wert würde man für die Dielektrizitätszahl erwarten?
b. Welcher Wert des Brechungsindex würde sich im optischen Spektralbereich ergeben?

__Aufgabe 9__ (3.5.2)

Für Orientierungspolarisation wurde die statische Dielektrizitätskonstante (3.49) unter Vernachlässigung anderer Polarisationsmechanismen berechnet. Im Grenzfall hinreichend kleiner Dichten ergab sich (3.49a).

Für diesen Grenzfall leite man eine entsprechende Formel für den stets vorliegenden Fall ab, daß die einzelnen Dipole auch eine elektronische Polarisierbarkeit zeigen. Das Ergebnis ist zu diskutieren.

__Aufgabe 10__ (3.5.2)

Für einen permanenten Dipol seien nur die beiden Einstellungen parallel und antiparallel zum Feld möglich. Beide Lagen

sollen ohne Feld energetisch gleichwertig sein. Man bestimme
für diesen Fall das mittlere Dipolmoment als Funktion der Temperatur, wobei das lokale Feld gleich dem makroskopischen Feld
zu setzen ist.

<u>Aufgabe 11</u> (3.5.2)

An einem Gas (Molekulargewicht $M = 100$) wird bei konstanter
Dichte $\tilde{\varrho} = 0,002 \ g/cm^3$ die Dielektrizitätszahl als Funktion der
Temperatur gemessen,

ϑ	0	50	100	150	200	$^\circ C$
$\varepsilon_r - 1$	4,68	4,42	4,25	4,11	4,005	10^{-3}

a. Welche dielektrischen Materialkonstanten können aus diesen
   Messungen bestimmt werden?
b. Man führe die Bestimmung durch.

<u>Aufgabe 12</u> (3.5.2)

Eine dipolare Substanz weist regellos verteilte Dipole der
Größe p_o auf. An diese Substanz wird in z - Richtung neben einem
Gleichfeld E_o auch ein Wechselfeld E_w (elektromagnetische Welle, Licht) angelegt.
a. Ein willkürlich herausgegriffener Dipol hat gegenüber der
   z - Richtung den Winkel Θ. Für V e r z e r r u n g s polarisation
   gebe man eine Formel an für denjenigen Anteil des Dipolmo-
   moments in z - Richtung (p_z), der durch das Wechselfeld hervorgerufen wird. Die Verzerrungspolarisation soll nur in
   Richtung der Dipolachse auftreten.
b. Man berechne den Mittelwert von p_z über alle Winkel Θ, wobei
   nur die Orientierungspolarisation im Feld von E_o zu berücksichtigen ist. Dabei ist von der Näherung

$$\frac{p_o \, E_o}{kT} \ll 1$$

Gebrauch zu machen, quadratische Glieder sind noch zu berücksichtigen.
c. Man gebe eine Formel für den Brechungsindex n_z an.
Es ist grundsätzlich das lokale Feld gleich dem makroskopischen Feld zu setzen.

<u>Aufgabe 13</u> (3.5.3)

An einem Öl wurde der in Bild 5.3 gezeigte Verlauf des Verlustwinkels $\tan\delta$ als Funktion der Temperatur bei der Netzfrequenz $f = 50\,Hz$ gemessen. Die als temperaturunabhängig anzusehende statische Dielektrizitätszahl sei $\tilde{\varepsilon}_{st} = 2{,}5$; die Viskosität des Öls möge der Beziehung

$$\eta = C_1 \exp(C_2/T)$$

genügen. $C_1 = 8 \cdot 10^{-11}$ Poise, $C_2 = 8{,}5 \cdot 10^3\ ^{o}K$.

a. Wie groß ist die Differenz zwischen $\tilde{\varepsilon}_{st}$ und $\tilde{\varepsilon}_{\infty}$?

b. Auf welchen Radius der einzelnen Dipole würde man aus dieser Messung schließen?

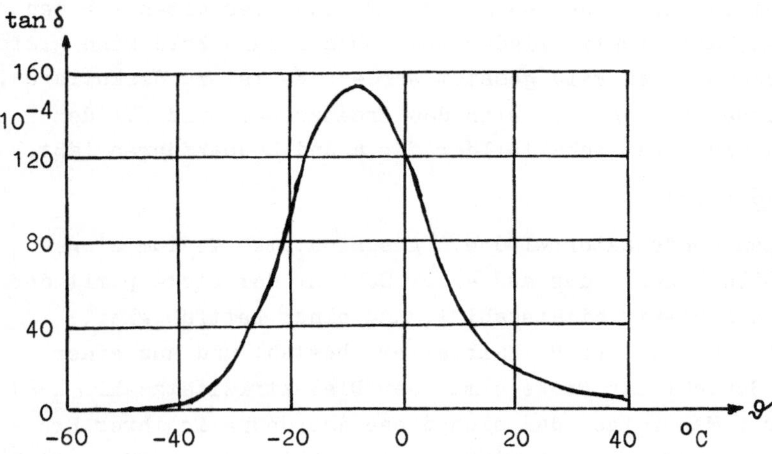

Bild 5.3. $\tan\delta$ als Funktion der Temperatur

c. Es ist zu diskutieren, welchen Verlauf man bei $120\,^{o}C$ für $\tan\delta$ als Funktion der Frequenz f erwarten würde. Man berechne die Frequenzen, bei denen $\tan\delta$ einen Maximalwert annimmt bzw. auf die Hälfte dieses Wertes abgesunken ist.

<u>Aufgabe 14</u> (3.5.3)

Bei $20\,^{o}C$ hat Wasser eine Zähigkeit $\eta = 10^{-2}$ Poise, das Dipolmoment des Einzelmoleküls beträgt $p = 1{,}87$ Debye (1 Poise $= 1\,g\,cm^{-1}\,s^{-1}$; 1 Debye $= 3{,}33 \cdot 10^{-28}$ A s cm).

a. Man schätze aus der Zähigkeit diejenige Frequenz ab, bis zu welcher man mit der statischen Dielektrizitätskonstanten rechnen darf.

b. Man berechne die statische Dielektrizitätskonstante aus den
atomaren Daten.

Aufgabe 15 (3.4, 3.5)

In einen Plattenkondensator mit der Vakuumkapazität C_o wird
ein Dielektrikum eingebracht. Man gebe die Ersatzschaltbilder
aus frequenzunabhängigen Elementen (R, L, C) für folgende Fälle
an:

a. Es liegt nur ein Resonanzmechanismus im Dielektrikum vor.

b. Es liegt nur ein Relaxationsmechanismus im Dielektrikum
vor (d.h. es ist nur der Frequenzbereich zu betrachten, in
welchem der Relaxationsmechanismus entscheidend ist).

c. Es liegen beide Mechanismen vor.

Diese Ersatzschaltbilder sollen das Frequenzverhalten für den
jeweiligen Fall richtig wiedergeben. Das lokale Feld kann gleich
dem makroskopischen Feld gesetzt werden. Es ist zu diskutieren,
unter welchen Bedingungen sich das Ersatzschaltbild für den
Fall c in die Ersatzschaltbilder für a und b überführen läßt.

Aufgabe 16 (3.6)

In einen Kondensator wird ein geschichtetes Medium eingebracht (Bild 3.24c), das aus einer Schicht der Dicke p mit der
konstanten Dielektrizitätszahl ε_1 und einer Leitfähigkeit
$\sigma \sim \exp(-\text{const}/kT)$ (z.B. Halbleiter) besteht und aus einer
weiteren Schicht der Dicke q mit der Dielektrizitätszahl $\varepsilon_2 = 1$
(Isolator). Man zeige, daß sich diese Anordnung in ihrer Fre-
quenz- und Temperaturabhängigkeit so verhält, als befände sich
eine homogene dipolare Substanz in dem Kondensator.

Aufgabe 17 (3.7)

Für eine piezoelektrische Platte, die an einer Seite fest
eingespannt ist, wurde die in Bild 3.29c dargestellte Ersatzschaltung abgeleitet. Die andere Seite der Platte ist frei beweglich (K = 0). Es sei

$$\frac{\varepsilon h^2}{c} \ll 1 \, .$$

a. Der elektrische Widerstand der Anordnung ist in Abhängigkeit
von einer normierten Kreisfrequenz zu skizzieren und zu diskutieren.

b. Es ist zu zeigen, daß in der Umgebung der Parallelresonanz

$(Z \to \infty)$ das Verhalten durch die Ersatzschaltung des Bildes 3.31 näherungsweise wiedergegeben wird. Die Werte der Schaltungselemente sind durch Material- und Dimensionierungsparameter auszudrücken.

Aufgabe 18 (3.7)

Zwei piezoelektrische Platten gleicher Abmessungen und Materialkonstanten sind an den Grundflächen G fest eingespannt und an der Stoßstelle S fest verklebt. An den Flächen G und S sind elektrische Kontakte angebracht, an denen die Eingangsspannung U_1 angelegt und die Ausgangsspannung U_2 abgegriffen werden kann (Bild 5.4). Man leite eine Gleichung für das Übertragungsverhältnis $\ddot{u} = U_2/U_1$ für den Fall des

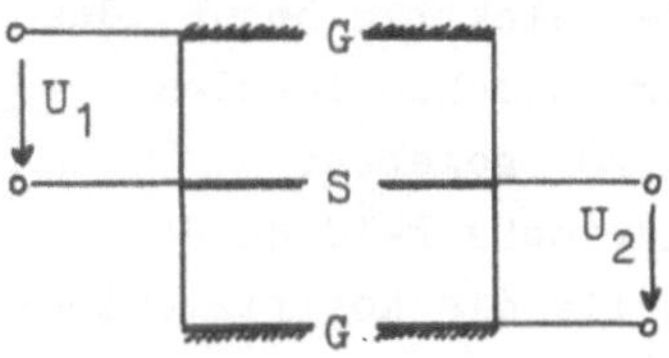

Bild 5.4. Piezoelektrische Plattenanordnung

ausgangsseitigen Leerlaufes ab. Das Ergebnis ist über einer geeignet normierten Frequenzachse zu skizzieren. Es sei
$$\delta = (\varepsilon h^2)/(2\,c) = 0{,}1.$$

Aufgabe 19 (3.8.1)

Zwei Moleküle, die den Abstand a voneinander haben, sollen nur in z - Richtung polarisierbar sein (Verzerrungspolarisation, Bild 5.5). Das Dipolmoment in Abhängigkeit von der Feldstärke, die am Ort des Dipols herrscht, kann durch (3.76) beschrieben werden.

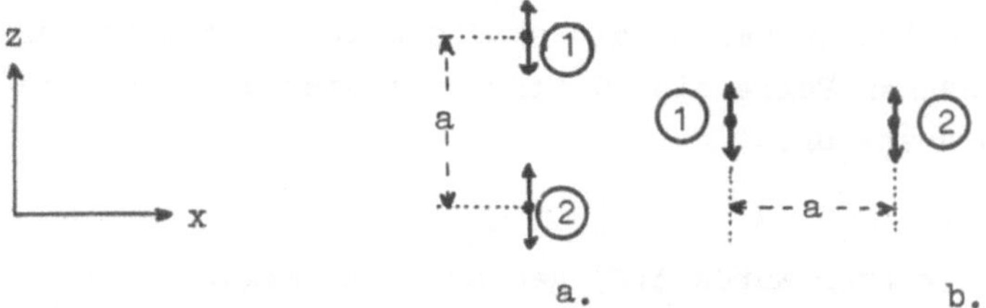

Bild 5.5. Zur Entstehung von Ferro- und Antiferroelektrizität

Man untersuche, unter welchen Voraussetzungen sich eine spontane Polarisation einstellt, d.h., das Molekül ① wird durch das Feld des Dipols ② polarisiert und umgekehrt. Die Größe des Dipolmomentes ist formelmäßig anzugeben.

a. Die Dipole liegen auf der z - Achse (Bild 5.5a).

b. Die Dipole liegen in x - Richtung (Bild 5.5b).

<u>Aufgabe 20</u> (3.8.4)

Bei ein und derselben Kristallstruktur kann Ferro- und Antiferroelektrizität auftreten. Allein durch die Größe der Gitterkonstanten kann bestimmt werden, welcher Fall vorliegt.

Im Modell des Bildes 5.6 sind vier nur in z - Richtung polarisierbare Atome vorgegeben, die quadratisch angeordnet sind. Jeder Dipol steht unter der Einwirkung des elektrischen Feldes der anderen drei Dipole. Der Zusammenhang zwischen lokalem Feld E_{loc} und Dipolmoment p sei durch (3.28) gegeben.

a. Man gebe die Gleichungen für das elektrische Feld an den Orten der einzelnen Dipole an. Man stelle die Koeffizienten-Determinante des linearen homogenen Gleichungssystems in p auf.

b. Die unter a. anzugebende Determinante hat die Form

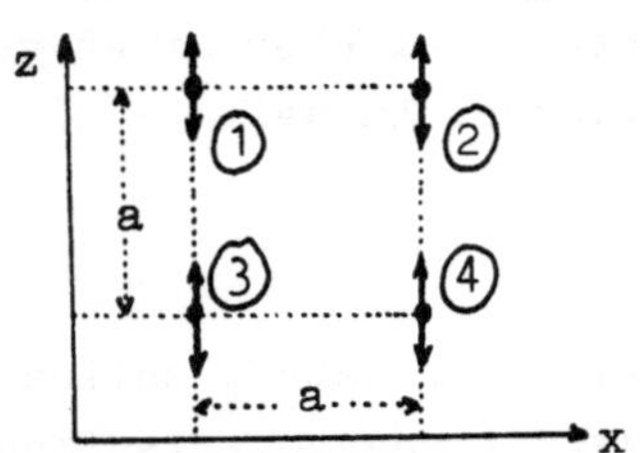

$$D = \begin{vmatrix} a & b & c & d \\ b & a & d & c \\ c & d & a & b \\ d & c & b & a \end{vmatrix}.$$

Die Lösung kann als Produkt von vier Faktoren dargestellt werden,

$$D = (a+b+c+d)(a-b-c+d)(a+b-c-d)(a-b+c-d).$$

Man bestimme die möglichen Lösungen der Determinanten.

Bild 5.6. Ferro- und Antiferroelektrizität bei gleicher Struktur

c. Welche Einstellungen der Dipole sind möglich? man gebe für die verschiedenen Fälle die „Gitterkonstante" a der quadratischen Anordnung an.

<u>Aufgabe 21</u> (3.8.2)

An einem Festkörper wurde $\varepsilon(\vartheta)$ gemessen. Es ergaben sich folgende Werte:

ϑ $^\circ C$	90	100	110	120	130
ε $10^{-10} \frac{A\,s}{V\,cm}$	4,42	3,1	2,3	1,86	1,5

Welche Aussagen über das Material können hieraus gewonnen werden?

<u>Aufgabe 22</u> (3.8.3)

Die Meßanordnung nach Bild 3.34 dient zur Aufnahme der Hystereseschleife $D = D(E)$. Der Kondensator C_x ist ein Plattenkondensator, in den das zu messende Dielektrikum eingebracht wird. C_N ist ein Vakuumkondensator. Die Reihenschaltung aus C_x und C_N wird aus einer Wechselspannungsquelle gespeist. Die Eingangswiderstände des Oszillographen können als unendlich groß angenommen werden.

Man zeige, daß auf dem Oszillographenschirm die Funktion $D(E)$ erscheint.

<u>Aufgabe 23</u> (3.8.5)

Bild 3.41 zeigt die Prinzipschaltung eines dielektrischen Verstärkers. An einen Kondensator C mit einem ferroelektrischen Dielektrikum wird eine Steuerspannung U_{st} und eine Wechselspannung $U_o = \hat{U}_o \sin\omega t$ angeschlossen. Dabei dienen der Blockkondensator C_B und die Drossel Dr zur Entkopplung von Versorgungs- und Steuerkreis. In Bild 5.7 ist die dielektrische Verschie-

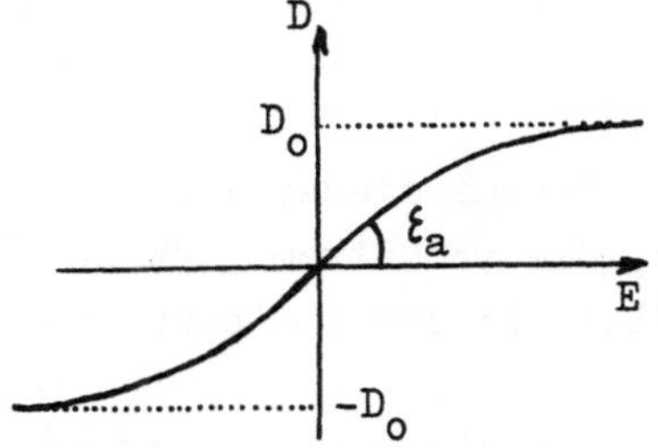

Bild 5.7. arctan – Kurve

bungsdichte als Funktion der elektrischen Feldstärke dargestellt. Diese Kurve wird durch die Gleichung

$$D(E) = \frac{2}{\pi} D_o \, \arctan\left(\frac{\pi \, \varepsilon_a \, E}{2 \, D_o} \right)$$

beschrieben.

Man berechne und diskutiere für $R_L = 0$ (Bild 3.41) den arithmetischen Mittelwert $\bar{I}$ des Stromes durch die Kapazität C über eine Halbperiode als Funktion der Steuerspannung U_{st}.

Als Maß für die Steuerung des Stromes durch die Spannung U_{st} wird der „Steuerkoeffizient"

$$S = \frac{\partial \bar{I}}{\partial U_{st}}$$

eingeführt. Man gebe an, unter welchen Voraussetzungen S Extremwerte annimmt. Die beiden Grenzfälle

$$\frac{\pi \, \varepsilon_a \, \hat{U}_o}{2 \, d \, D_o} \; \substack{\ll \\ \gg} \; 1$$

sind zu diskutieren (d = Plattenabstand des Kondensators C).

<u>Aufgabe 24</u> (3.9.1)

Für das in Abschnitt 3.9.1 erläuterte Meßverfahren zur Bestimmung der statischen Dielektrizitätskonstanten (Bild 3.44) ist explizite die Abhängigkeit von Real- und Imaginärteil der Kapazität C_x von den meßbaren Parametern entsprechend der geschilderten Versuchsdurchführung abzuleiten. Es ist ε' und die Leitfähigkeit σ des Materials zu bestimmen.

<u>Aufgabe 25</u> (3.9.2)

Die in Bild 3.45 dargestellte Scheringbrücke eignet sich besonders zur Bestimmung des Verlustwinkels $\tan \delta$. Man gebe an, wie sich diese Größe bestimmen läßt.

<u>Aufgabe 26</u> (3.9.3)

Die Messung der Dielektrizitätszahl kann mit Hilfe eines Schwingkreises, der lose an einen Generator angekoppelt ist, durchgeführt werden (Bild 3.46). Man bestimme ε' und ε'' aus den Meßdaten.

<u>Aufgabe 27</u> (4.1)

In der x-y - Ebene eines kartesischen Koordinatensystems liegt eine kreisförmige Leiterschleife, die vom Strom I durchflossen wird. Die Achse des Kreises fällt mit der z - Achse zusammen.
a. Mit Hilfe des Biot - Savartschen Gesetzes ist das Magnetfeld in großem Abstand von der Leiterschleife auf der z - Achse und in der x-y - Ebene zu bestimmen.
b. Dasselbe Feld wird von einem magnetischen Dipol, der aus zwei „magnetischen Ladungen" besteht, erzeugt. Man führe die Berechnung des Magnetfeldes für die unter a. angegebenen Fälle mit diesem Modell durch.

<u>Aufgabe 28</u> (4.1)

Ein Magnetfeld $\underline{H}$ übt auf einen Dipol $\underline{p}$ ein Drehmoment $\underline{\tilde{T}}$ aus, das durch (4.4) gegeben ist.
a. Ausgehend von der Gleichung
$$d\underline{K} = I \, d\underline{s} \times \underline{B}$$

bestimme man das Drehmoment, wenn das Magnetfeld $\underline{H}$ in der Ebene einer kreisförmigen Leiterschleife liegt, die von einem Strom I durchflossen wird.

b. Man ersetze die Leiterschleife durch einen aus „magnetischen Ladungen" bestehenden Dipol und bestimme das Drehmoment für diese Anordnung.

Aufgabe 29 (4.1)

Ein inhomogenes Magnetfeld hat in kartesischen Koordinaten nur die Feldkomponenten H_x und H_z, die Komponente H_y ist identisch null. Ein magnetischer Dipol habe sich bereits in Feldrichtung eingestellt; das Feld an der Stelle des Dipols soll in z-Richtung liegen (Bild 5.8).

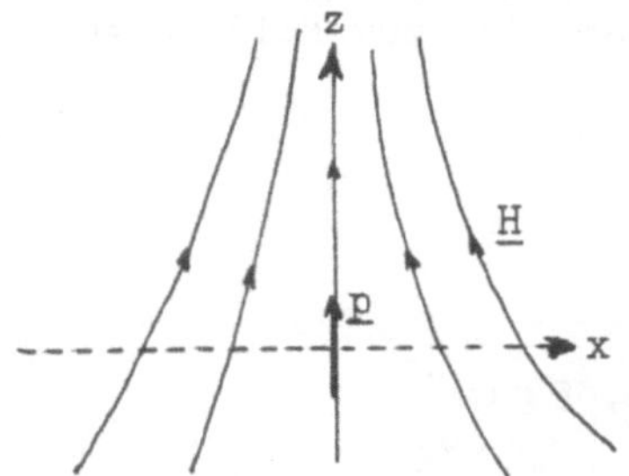

Bild 5.8. Inhomogenes Magnetfeld

Man berechne die translatorische Kraft, die auf den Dipol ausgeübt wird, wenn

a. der Dipol aus zwei „magnetischen Punktladungen" aufgebaut ist,

b. der Dipol durch den Strom in einer kreisförmigen Leiterschleife zustande kommt.

Die Abmessungen (Abstand der beiden magnetischen Ladungen bzw. Radius der Leiterschleife) seien so klein, daß das inhomogene Feld im Bereich des Dipols in eine Reihe entwickelt werden kann, die nach dem linearen Glied abgebrochen wird.

Aufgabe 30 (4.3)

In einem einfach kubischen Gitter mit der Gitterkonstanten $a = 1{,}5\,\text{Å}$ habe jeder Gitterbaustein 10 Elektronen. Man berechne die diamagnetische Suszeptibilität unter der Annahme, daß die kugelförmige Elektronenwolke, die jeden Atomkern umgibt, homogen geladen ist und daß die Elektronenwolken benachbarter Atome sich gerade berühren.

Aufgabe 31 (4.4)

In einer Substanz sind 10^{22} Atome pro cm^3, die ein permanentes magnetisches Moment von einem Bohrschen Magneton haben, enthalten. Bei einer Temperatur von 300 $^{\circ}$K wird an diese Substanz ein Magnetfeld von 10^4 Øe angelegt. Es sei angenommen, daß für die Dipole nur die drei Einstellungen parallel, antiparallel und senkrecht zum Feld möglich sind.

a. Welcher Prozentsatz aller Dipole wird gegenüber dem thermischen Gleichgewicht zusätzlich parallel zum Feld ausgerichtet?

b. Wie groß ist die Suszeptibilität?

Aufgabe 32 (4.5.1)

Für Nickel gelten folgende Daten:
Atomgewicht A = 58,7 ; Dichte $\tilde{\varrho}$ = 8,85 g cm^{-3} ;
ferromagnetische Curie - Temperatur T_f = 650 $^{\circ}$K.

Man berechne unter der Voraussetzung, daß das magnetische Moment des Einzelatoms $1\mu_B$ beträgt, folgende Größen:

a. Die Sättigungsmagnetisierung M_∞

b. Die Suszeptibilität oberhalb des Curiepunktes

c. Die Weißsche Konstante

d. Das maximale innere Feld H_i^{max}

e. Das Magnetfeld an der Stelle eines Dipols, soweit es von einem seiner nächsten Nachbarn herrührt.

Aufgabe 33 (4.5.3)

Eine Legierung ohne Kristallanisotropie hat eine spontane magnetische Polarisation $\tilde{J}_s = \mu_0 M_s$ = 14 000 Gauß und eine Sättigungsmagnetostriktionskonstante λ_s = + 1,5·10^{-5}. Man gebe die Größe und Art der Kraft an, die auf eine nadelförmige Probe dieses Materials ausgeübt werden müßte, damit keine Vorzugsrichtung der Magnetisierung mehr besteht.

Aufgabe 34 (4.5.4)

Ein Kristall weise die in Bild 4.25 skizzierte Domänenstruktur auf. Die Magnetisierung liegt im wesentlichen in der leichten Magnetisierungsrichtung, nur die Abschlußdomänen liegen in der schweren Richtung. Man schätze die Dicke der Weißschen Bezirke aus der Forderung ab, daß die Gesamtenergie, bestehend aus Anisotropie - Energie und Wandenergie, ein Minimum werden muß. Es ist $\ell \gg$ d vorauszusetzen, die Wandenergie der 90° - Wände ist zu vernachlässigen.

Dichte der Kristallanisotropie - Energie $w_{KA} = w_1 \sin^2 \theta$, $w_1 = 4,2 \cdot 10^5$ erg cm^{-3}

Flächendichte der Wandenergie: $\mathscr{G}_w = 1,6$ erg cm^{-2}

Länge des Kristallits: $\ell = 1$ mm.

<u>Aufgabe 35</u> (4.5.5)

Ein einachsiger ferromagnetischer Kristall sei so schmal, daß nur zwei antiparallel magnetisierte Bereiche auftreten. Diese beiden Domänen werden durch eine 180° - Wand voneinander getrennt. Infolge ungleichmäßiger innerer Verspannungen ergibt sich somit wegen der ortsabhängigen Spannungsanisotropie - Energie auch eine Ortsabhängigkeit der Wandenergie, die in diesem Beispiel durch die Gleichung

$$\mathscr{G}_w(x) = \mathscr{G}_o\left[-\cos(\tfrac{\pi}{\ell}x) + \tfrac{1}{2}\cos(2\tfrac{\pi}{\ell}x)\right]$$

beschrieben werden soll (Bild 5.9). Unter dem Einfluß eines Magnetfeldes, das in der angegebenen Richtung angelegt wird, tritt eine Wandverschiebung ein.

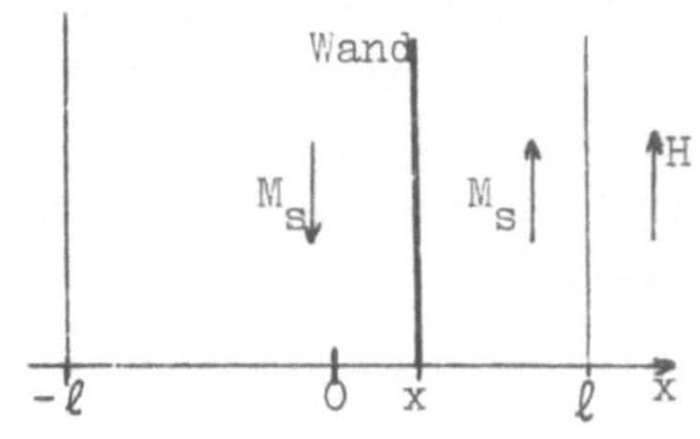

Bild 5.9. Lage der Wand

a. Man gebe die Gesamtenergie im Bereich $-\ell < x < +\ell$ in Abhängigkeit von der Lage x der Wand an.

b. Es ist ein Zusammenhang zwischen angelegtem Magnetfeld und Wandlage in der Form

$$\frac{H}{H_o} = f\left(\frac{x}{\ell}\right)$$

herzuleiten, wobei H_o ein geeignet zu wählender Normierungsfaktor ist.

c. Man skizziere den qualitativen Verlauf dieser Funktion. Man zeichne die Lage der Wand in Abhängigkeit vom Magnetfeld H in diese Skizze ein. Die charakteristischen Punkte sind zu kennzeichnen und der Verlauf ist zu diskutieren.

d. Man skizziere den qualitativen Verlauf der Magnetisierungskurve $M_H(H)$.

<u>Aufgabe 36</u> (4.5.5)

In ein nichtferromagnetisches Grundmaterial sind kleine ferromagnetische Kugeln eingebettet, die jeweils aus einer einzigen Domäne bestehen mögen. Für die einzelne Kugel liege die Kristallanisotropie - Energiedichte

$$w_{KA} = w_1 \sin^2 \Theta \quad \text{mit} \quad w_1 = 10^5 \, \text{erg/cm}^3$$

als einzige Anisotropie vor; Θ ist der Winkel zwischen Magnetisierungsvektor und leichter Richtung. Die spontane Magnetisierung der einzelnen Kugel sei $M_s = 10^4 \, \text{Øe}$. Die Kugeln sind so orientiert, daß alle leichten Achsen parallel liegen.

a. Senkrecht zur leichten Achse wird ein Magnetfeld H angelegt. Man berechne und skizziere die Magnetisierung M_H in Richtung des Magnetfeldes als Funktion der Feldstärke aus der Forderung, daß sich der Zustand mit der tiefsten Energie einstellt.

b. Welche Permeabilitätszahl μ_r hat für diesen Fall das gesamte Material, wenn der Radius der ferromagnetischen Kugeln 10^{-4} cm und ihre Konzentration $N = 10^8 \, \text{cm}^{-3}$ betragen?

c. Man untersuche den Zusammenhang $M_H(H)$ für den Fall, daß das Magnetfeld parallel bzw. antiparallel zur leichten Achse angelegt wird. Dazu skizziere man zunächst die Gesamtenergie in Abhängigkeit von Θ mit H als Parameter. Welche Kurvenformen können auftreten? Welcher Grenzfall ist für das Zustandekommen der $M_H(H)$ - Beziehung von besonderem Interesse?

<u>Aufgabe 37</u> (4.5.5)

Die Magnetisierungskurve einer kleinen ferromagnetischen Kugel, die aus einer Domäne besteht, ist zu bestimmen. Die Kristallanisotropie - Energie tritt als einzige Anisotropie auf,

$$w_{KA} = w_1 \sin^2 \Theta \; .$$

Dabei ist Θ der Winkel zwischen Magnetisierungsvektor und leichter Richtung. Unter dem Einfluß eines Magnetfeldes H, das unter einem Winkel von 135° angelegt wird, dreht der Magnetisierungsvektor um den Winkel φ (Winkelangaben bezogen auf die leichte Richtung). Die Bestimmungsgleichung für φ ist in der Form

$$f(H) = 1/\sin\varphi + 1/\cos\varphi$$

graphisch zu lösen. Ein Magnetisierungsumlauf ist in das Diagramm einzuzeichnen und zu diskutieren. Der qualitative Verlauf der Magnetisierungskurve ist unter Angabe der charakteristischen Punkte (Koerzitivfeldstärke und Remanenz) aus dem Diagramm zu entnehmen.

<u>Aufgabe 38</u> (4.5.5)

In einer ferromagnetischen Platte, die so dünn ist, daß sie nur aus einer einzigen Domäne besteht, ist die Winkelabhängigkeit der Kristallanisotropie - Energie durch

$$w_{KA} = w_1 \sin^2 \Theta$$

gegeben (Bild 5.10). Senkrecht zur leichten Richtung wird ein Gleichfeld H_o angelegt, das zur Steuerung der Suszeptibilität eines Zusatzfeldes h in Richtung der leichten Achse dient. Das Zusatzfeld h ist so klein, daß

$$\frac{h \mu_o M_o}{2 w_1} \ll 1$$

gilt. Unter seiner Einwirkung wird der durch das Gleichfeld bestimmte Winkel Θ_o um einen kleinen Wert

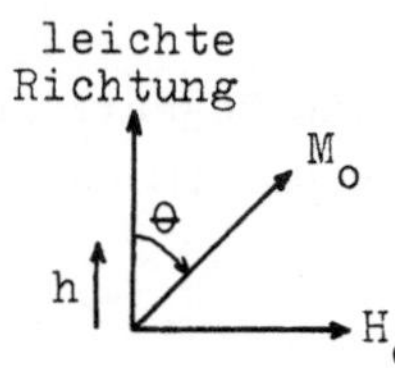

Bild 5.10. Durch H_o gesteuerte Suszeptibilität

$\varphi \ll 1$ variieren, so daß eine Entwicklung der Winkelfunktion gerechtfertigt ist. Es können grundsätzlich Ausdrücke, die von zweiter Ordnung klein sind, vernachlässigt werden.

a. Wie groß ist die Energie der Magnetisierung M_o im Gleichfeld H_o?

b. Wie groß ist die Energie der Magnetisierung M_o im Zusatzfeld h?

c. Es ist zunächst ohne Zusatzfeld h der Winkel Θ_o in Abhängigkeit von der Gleichfeldstärke H_o zu bestimmen. Der Verlauf ist zu skizzieren.

d. Das Verhältnis von Winkeländerung φ zu Zusatzfeldstärke h ist unter Berücksichtigung der oben erläuterten Vernachlässigungen zu bestimmen.

e. Die Abhängigkeit der für das Zusatzfeld h wirksamen Suszeptibilität von der Winkeländerung φ ist aufzustellen.

f. $\chi(H_o)$ ist zu berechnen, der Verlauf zu skizzieren.

Aufgabe 39 (4.6)

Für eine antiferromagnetische Substanz ist der Verlauf der Suszeptibilität als Funktion der Temperatur qualitativ zu berechnen.

Die Dipoleinstellungen bei Antiferromagnetika sind in Bild 4.40b schematisch dargestellt. Bei der Rechnung sind nur Wechselwirkungen zwischen nächsten Nachbarn zu berücksichtigen, das äußere Magnetfeld H_a möge in der Magnetisierungsrichtung des (a)- Gitters liegen.

a. Welcher formelmäßige Zusammenhang besteht zwischen den Magnetisierungen $M^{(a)}$ und $M^{(b)}$ der Teilgitter (a) und (b) und dem äußeren Feld H_a?

b. Durch welche Größen ist die Neél - Temperatur, d.h. diejenige Temperatur, bei welcher die spontane Magnetisierung verschwindet, gegeben?

c. Man stelle eine Gleichung für die resultierende Magnetisierung auf; dabei ist zweckmäßigerweise von der Umformung

$$\tanh x - \tanh y = \frac{2 \sinh(x - y)}{\cosh(x - y) + \cosh(x + y)}$$

Gebrauch zu machen.

d. Man berechne aus der in c. ermittelten Magnetisierung die Suszeptibilität oberhalb der Neél - Temperatur, $T > T_N$.

e. Man skizziere qualitativ den Verlauf der Suszeptibilität als Funktion der Temperatur für $T < T_N$.

Aufgabe 40 (4.7)

Es ist der Einfluß einer Dämpfung auf das Hochfrequenzverhalten von Ferriten zu untersuchen.

a. Zur Zeit $t = 0$ wird ein Gleichfeld $H_o = 1\,000\,\text{Øe}$ in z - Richtung angelegt. Nach spätestens welcher Zeit hat sich der Magnetisierungsvektor etwa in Richtung des Feldes H_o gedreht?

b. Man bestimme für zirkular polarisierte Wellen die komplexen Werte der Permeabilitätszahl μ_{eff}, die sich nach Abklingen des in a. untersuchten Einschaltvorganges ergeben. Die Komponenten $|h_x|$ und $|h_y|$ des Wechselfeldes seien klein gegenüber H_o, Produkte $m\,h$ können als klein von zweiter Ordnung vernachlässigt werden.

Man berechne die zusätzlichen Anteile $\underline{m}$ zum Magnetisierungsvektor, die sich unter dem Einfluß der magnetischen Wechsel-
felder ergeben.
Die Permeabilitätszahl μ_{eff} ist für rechts- und linksdrehendes Feld als Funktion der Kreisfrequenz ω zu bestimmen.
Man diskutiere diese Frequenzabhängigkeit und skizziere den
prinzipiellen Verlauf.

<u>Aufgabe 41</u> (4.7)

Ein Ferrit ($M_s = 3\,000\,\emptyset e$, Dämpfungskonstante $\gamma = 0,1$, $\varepsilon_r = 15$)
soll als Richtungsleiter für elektromagnetische Wellen der
Frequenz $f = 2,8\,\text{GHz}$ verwendet werden.
a. Welche Größe muß das magnetische Gleichfeld haben?
b. Wie groß sind die wirksamen relativen Permeabilitätszahlen
   μ_{eff} für links- und rechtsdrehende Wellen?
c. Welche Dämpfung würden die Wellen erfahren haben nach Durchlaufen einer Strecke von 3 cm Länge?

6. Literatur

1. J.C. Anderson, Dielectrics, Chapman & Hall
2. L.F. Bates, Modern Magnetism, Cambridge University Press
3. W.R. Beam, Electronics of Solids, Mc. Graw Hill
4. R. Becker, W. Döring, Ferromagnetismus,
5. C.J.F. Böttcher, Theory of Electric Polarisation,
   Elsevier Publishing Comp.
6. R.M. Bozorth, Ferromagnetism, D. van Nostrand Comp.
7. R.S. Elliott, Electromagnetics, Mc. Graw Hill
8. H. Fröhlich, Theory of Dielectrics, Oxford University Press
9. Handbuch der Physik XVlI, Dielektrika, Springer
10. Handbuch der Physik XVlll/2, Ferromagnetismus, Springer
11. A. von Hippel, Dielectrics and Waves, John Wiley & Sons
12. A. von Hippel, Dielectric Materials and Applications, M I T -
    Press
13. W. Känzig, Ferroelectrics ans Antiferroelectrics,
    Solid State Physics 4 (1957)
14. H.W. Katz, Solid State Magnetic and Dielectric Devices,
    John Wiley & Sons
15. C. Kittel, Introduction to Solid State Physics, John Wiley
    & Sons
16. E. Kneller, Ferromagnetismus, Springer
17. J. Smit, H.P.J. Wijn, Ferrite, Philips Technische Bibliothek
18. C.P. Smyth, Dielectric Behaviour and Structure, Mc. Graw Hill
19. J.H. van Vleck, The Theory of Electric and Magnetic
    Susceptibilities, Oxford University Press
20. D. Wagner, Einführung in die Theorie des Magnetismus,
    Friedr. Vieweg & Sohn
21. S. Wang, Solid State Electronics, Mc. Graw Hill
22. Wijn, Dullenkopf, Werkstoffe der Elektrotechnik, Springer
23. D.J. Craik, R.S. Tebble, Ferromagnetism and Ferromagnetic
    Domains, John Wiley & Sons
24. A.H. Morrish, The Physical Principles of Magnetism,
    John Wiley & Sons

Herrn Dipl.-Ing. G. Weinhausen möchte ich für Unterstützung bei der Abfassung des Manuskriptes danken.

7. Sachwortverzeichnis

Allgemeine Konstanten

Lichtgeschwindigkeit $\qquad c_o = 3,0 \cdot 10^{10}$ cm s^{-1}

Magnetische Feldkonstante $\qquad \mu_o = 4\pi \cdot 10^{-9}$ V s (A cm)$^{-1}$

Elektrische Feldkonstante $\qquad \varepsilon_o = \frac{1}{36\pi} \cdot 10^{-11}$ A s (V cm)$^{-1}$

Elementarladung $\qquad q = 1,60 \cdot 10^{-19}$ A s

Ruhemasse des Elektrons $\qquad m = 9,11 \cdot 10^{-28}$ g

Boltzmann – Konstante $\qquad k = 1,38 \cdot 10^{-23}$ W s/^{o}K

Loschmidtsche Zahl $\qquad L = 6,03 \cdot 10^{23}$ mol^{-1}

Bohrsches Magneton $\qquad \mu_B = 9,27 \cdot 10^{-20}$ A cm^2

Einheiten

1 Å $\qquad = 10^{-8}$ cm

1 Øe $\qquad = \frac{10}{4\pi}$ A cm^{-1}

1 G $\qquad = 10^{-8}$ V s cm^{-2}

1 W s $\qquad = 10^7$ erg $= \frac{1}{9,81}$ kp m

1 erg $\qquad = 1$ g cm^2 s^{-2}

1 Poise $= 1$ g (cm s)$^{-1}$

1 Debye $= 3,33 \cdot 10^{-28}$ A s cm

0 ^{o}C $\qquad = 273$ ^{o}K

Elektronische Bauelemente und Netzwerke I

Physikalische Grundlagen der Bauelemente

Von Prof. Dr. Hans-Georg Unger und Prof. Dr. Walter Schultz. uni-text / Lehrbuch. Braunschweig: Vieweg, 1968. DIN C 5. XV, 201 Seiten mit 96 Abb. Paperback DM 16,80 (Best.-Nr. 3505)

Inhalt: Der homogen dotierte Halbleiter — Der pn-Übergang — Der Transistor — Der Thyristor — Der Feldeffekttransistor — Die Elektronenröhre — Rauschen.

Elektronische Bauelemente und Netzwerke II

Die Berechnung elektronischer Netzwerke

Von Prof. Dr. Hans-Georg Unger und Prof. Dr. Walter Schultz. uni-text / Lehrbuch. Braunschweig: Vieweg, 1969. DIN C 5. XIV, 224 Seiten mit 155 Abb. Paperback DM 16,80 (Best.-Nr. 3506)

Inhalt: Systematische Berechnung linearer elektronischer Netzwerke — Sieben allgemeine Sätze über elektronische Netzwerke — Frequenzcharakteristiken — Rückkopplung und Stabilität — Rauschen in elektronischen Schaltungen — Berechnung nichtlinearer Schaltungen — Leistungsverstärker, Modulation und Gleichrichtung — Schaltungen mit nichtlinearen Reaktanzen — Impuls- und Digitalschaltungen.

vieweg

vieweg paperbacks

Gute wissenschaftliche Literatur muß nicht teuer sein! Diese Paperbacks hat jede wissenschaftliche Buchhandlung vorrätig. Sehen Sie sich in Ruhe an, was Sie interessiert. Jeden Monat erscheinen neue Titel! Fragen Sie Ihren Buchhändler! Er zeigt sie Ihnen gern! Sie können bei ihm auch einfach eine Reihe zur Fortsetzung vormerken lassen.

» **vieweg**

Taschenbücher der Technik

Reihe Automatisierungstechnik

ALGOL 60 – Eine Sprache für Rechenautomaten
von Ch. Andersen — DM 6,40

Aufbau und Einsatz von Prozeßrechnern
von H. Pankalla — DM 6,40

Automatisierungsanlagen
von R. Müller — DM 6,40

Betriebsmeßwesen
von M. Schroedter / J. Meyer — DM 6,40

Digitale Kleinrechner
von G. Schubert — DM 6,40

EDV – Grundstufe der COBOL-Programmierung
von D. Bär — DM 6,40

EDV – Oberstufe der COBOL-Programmierung
von D. Bär — DM 6,40

EDV – Praxis der COBOL-Programmierung
von D. Bär — DM 6,40

Einführung in die Schaltalgebra
von D. Bär — DM 6,40

Elektronenstrahl-Oszillografie in der Automatisierungstechnik
von R. Kautsch — DM 6,40

Elektronische Bauelemente in der Automatisierungstechnik
von K. Götte — DM 6,40

FORTRAN – Kodierung von Formeln
von G. Paulin — DM 6,40

FORTRAN – Datenbeschreibung und Unterprogrammtechnik
von G. Paulin — DM 6,40

Integrierte Datenverarbeitung
von G. Brenk / G. Eichner — DM 6,40

Kleines Lexikon der Betriebsmeßtechnik
von G. Jeschke — DM 6,40

Kleines Lexikon der Rechentechnik und Datenverarbeitung
von G. Paulin — DM 6,40

Kontinuierliche Flüssigkeitsdichtemessung
von H. Hart — DM 6,40

Kybernetik und Automatisierung
von M. Peschel — DM 6,40

Lochbandtechnik
von E. Bürger/W. Leonhardt — DM 6,40

Lochkartentechnik
von B. Bode — DM 6,40

Mehrfachregelungen
von H. Fuchs / W. Weller — DM 6,40

Meßfehler bei dynamischen Messungen und Auswertung von Meßergebnissen
von E.-G. Woschni — DM 6,40

Periphere Geräte der digitalen Datenverarbeitung
von L. Böhme — DM 6,40

Pneumatische Bausteinsysteme in der Digitaltechnik
von H. Töpfer u. a. — DM 6,40

Pneumatische Steuerungen
von H. Töpfer u. a. — DM 6,40

Programmgesteuerte Universalrechner
von F. Stuchlik — DM 6,40

Projektierung von Regelungsanlagen
von H. Schöpflin — DM 6,40

Regelung von Dampferzeugern
von W. Weller — DM 6,40

Regelungstechnik für Praktiker
von G. Schwarze — DM 6,40

Statistische Methoden der Regelungstechnik
von M. Peschel — DM 6,40

Zerstörungsfreie Prüfverfahren
von J. Gensel — DM 6,40

Zuverlässigkeit von Systemen
von P. Hummitzsch — DM 6,40

Ostwalds Klassiker

der exakten Wissenschaften-
Taschenbuchreihe kommentierter
Originaltexte

Die Begründung der Elektrochemie und Entdeckung der ultravioletten Strahlen
von J. W. Ritter — DM 14,00

Über die Einführung absoluter elektrischer Maße
von W. Weber und R. Kohlrausch — DM 9,80

Das Feste im Festen
von Niels Stensen — DM 18,00

Neun Bücher arithmetischer Technik – Ein chinesisches Rechenbuch für den praktischen Gebrauch aus der frühen Hanzeit — DM 16,80

De Thiende (Dezimalbruchrechnung)
von Simon Stevin — DM 7,80

Versuche über Pflanzenhybriden
von Gregor Mendel — ca. DM 14,80

uni-texte

Studienbücher

Einführung in die Elektrotechnik
von R. Jötten/H. Zürneck — DM 9,80

Einführung in die Regelungstechnik
von W. Leonhard — DM 9,80

Gruppentheorie
von K. Mathiak / P. Stingl — DM 9,80

Mechanik
von L. D. Landau / E. M. Lifschitz — DM 9,80

Mechanik I: Grundbegriffe – Kinematik – Statik
von K.-A. Reckling — DM 9,80

Mechanik II: Festigkeitslehre
von K.-A. Reckling — DM 9,80

Quantenmechanik I
von G. Grawert — DM 9,80

Quantenmechanik II
von G. Grawert — DM 9,80

Rechenseminar in physikalischer Chemie
von K. Torkar / H. Krischner — DM 9,80

Wechselströme und Netzwerke
von W. Leonhard — DM 9,80

Lehrbücher

Einführung in die höhere Mathematik
von H. Dallmann / K. H. Elster — DM 36,00

Einführung in die moderne Chemie
von M. J. S. Dewar — ca. DM 19,80

Einführung in die Theorie elektrischer Maschinen
von F. G. Taegen/E. Hommes — ca. DM 16,80

Elektromagnetische Wellen I
von H.-G. Unger — DM 16,80

Elektromagnetische Wellen II
von H.-G. Unger — DM 12,80

Elektronische Bauelemente und Netzwerke I
von H.-G. Unger / W. Schultz — DM 16,80

Elektronische Bauelemente und Netzwerke II
von H.-G. Unger / W. Schultz — DM 16,80

Energieverteilung
von H. Lau / W. Hardt — DM 12,80

Grundlagen der Funktionentheorie
von W. Tutschke — DM 12,80

Grundpraktikum der organischen Chemie
von E. Poulsen Nautrup — DM 7,80

Halbleiterphysik I
von D. Geist — DM 16,80

Methoden der Fehler- und Ausgleichsrechnung
von R. Ludwig — DM 16,80

Physikalische Chemie I
von G. M. Barrow — DM 19,80

Physikalische Grundlagen der Hochfrequenztechnik
von E. Meyer / R. Pottel — DM 29,50

Physikalische und technische Akustik
von E. Meyer / E.-G. Neumann — DM 29,50

Plasma und Lichtbogen
von W. Rieder — DM 12,80

Quantenelektronik
von H.-G. Unger — DM 7,50

Sexualität
von C. Houillon — DM 9,80

Strömungsmeßtechnik
von W. Wuest — DM 19,80

Theorie der Leitungen
von H.-G. Unger — DM 12,80

Vorstufe zur höheren Mathematik
von S. G. Krein / V. N. Uschakowa — DM 6,80

Der Wald – Begründung, Aufbau und Erhaltung
von J. Barner — DM 12,80

Die Zelle
von M. Durand/P. Favard — ca. DM 14,80

Skripten

Asynchronmaschinen
von H. Jordan/M. Weis — DM 7,80

Einführung in die Quantenmechanik
von W. Schultz — DM 6,80

WTB Wissenschaftliche Taschenbücher

Chemische Thermodynamik
von W. Wagner — DM 6,80

Elementare Methoden zur Lösung von Differentialgleichungsproblemen
von H. Goering — DM 4,80

Elementarteilchen
von A. A. Sokolow — DM 3,80

Grundzüge der Relativitätstheorie
von A. Einstein — DM 9,80

Einführung in die physikalischen Grundlagen der Kernenergiegewinnung
von F. R. Kessler — DM 6,80

Lasertheorie I
von H. Paul — DM 9,80

Lasertheorie II
von H. Paul — DM 9,80

Magnetochemie
von W. Haberditzl — DM 6,80

Mathematische Hilfsmittel in der Physik I
von G. Heber — DM 6,80

Mathematische Hilfsmittel in der Physik II
von G. Heber — DM 6,80

Relativität und Kosmos
von H.-J. Treder — DM 6,80

Spektroskopische Methoden in der organischen Chemie
von R. Borsdorf / M. Scholz — DM 6,80

Über spezielle und allgemeine Relativitätstheorie
von A. Einstein — DM 6,80

Varianzanalyse
von H. Ahrens — DM 9,80

Wellenmechanik
von G. Ludwig — DM 12,80

Weiterhin sind als Paperbacks lieferbar:

Der Aufstieg der wissenschaftlichen Philosophie
von H. Reichenbach — DM 16,80

Bedeutung und Begriff
von S. J. Schmidt — DM 16,80

uni—texte

Studienbücher

G. Frühauf, Praktikum Elektrische Meßtechnik
für Elektrotechniker (3. und 4. Semester)

G. Grawert, Quantenmechanik I, II
für Mathematiker, Physiker und Physiko-Chemiker (4. und 5. Semester)

P. Guillery, Werkstoffkunde für Elektroingenieure
für Elektrotechniker (4. Semester)

R. Jötten / H. Zürneck, Einführung in die Elektrotechnik I
für Elektrotechniker, Maschinenbauer und Wirtschaftsingenieure (1. bis 3. Semester)

L. D. Landau / E. M. Lifschitz, Mechanik
für Mathematiker und Physiker (2. und 3. Semester)

W. Leonhard, Wechselströme und Netzwerke
für Elektrotechniker (3. Semester)

W. Leonhard, Einführung in die Regelungstechnik
für Elektrotechniker, Physiker und Maschinenbauer (5. Semester)

K. Mathiak / P. Stingl, Gruppentheorie
für Chemiker, Physiko-Chemiker, Mineralogen (ab 5. Semester)

K.-A. Reckling, Mechanik I, II
für Studenten der Ingenieurwissenschaften (1. und 2. Semester)

K. Torkar / H. Krischner, Rechenseminar in Physikalischer Chemie
für Chemiker, Verfahrenstechniker und Physiker (ab 3. Semester)

In Vorbereitung

H. Glaser, Einführung in die Technische Wärmelehre
für Maschinenbauer und Technische Physiker (3. Semester)

K.-B. Gundlach, Einführung in die Infinitesimalrechnung
für Mathematiker und Physiker (1. und 2. Semester)

R. Jötten / H. Zürneck, Einführung in die Elektrotechnik II
für Elektrotechniker, Maschinenbauer und Wirtschaftsingenieure (2. bis 4. Semester)

R. Oswatitsch / E. Leiter, Strömungsmechanik
für Maschinenbauer, Physiker und Elektrotechniker (3. Semester)

K.-A. Reckling, Mechanik III und Aufgabensammlung
für Studenten der Ingenieurwissenschaften (3. Semester)

J. Ruge, Technologie der Werkstoffe
für Maschinenbauer und Elektrotechniker (3. Semester)